空飛ぶ自動車学校

三代目社長の
理念と革新の経営

祖川嗣朗
SOGAWA SHIRO

幻冬舎MC

空飛ぶ自動車学校

三代目社長の理念と革新の経営

はじめに

少子化や若者の車離れが原因で自動車学校の運営は厳しい状況が続いています。警察庁による「運転免許統計」（２００１年・２０２１年）によると、10代、20代の運転免許保有者数は２００１年には１７４２万７１８５人だったのが２０２１年には１０８７万１１７１人となっており、20年間で６５０万人以上も減っていることになります。少子化が続く限りこの減少傾向に歯止めがかかることは考えられず、今後ますます自動車学校業界の市場縮小は進む一方であると考えられます。

私が三代目として親から引き継いだ自動車学校も例外ではありません。初代である私の祖父が徳島市で戦後創業した会社は、二代目である母が経営理念を策定し、私が入社した12年前も地元で一定のシェアを獲得している状態ではありました。しかし、次期社長という立場で入社し、その後三代目として会社を経営していくなかで、常に会社が倒産してしまうのではないかという危機感を抱いてきました。業界の縮小が進むなかで、自社が20年後、30年後、さらには１００年後に存在することはできているのかという疑問が常に私のなかにはあったのです。

だからこそ私としては、いっそこの時期に代替わりすることを会社が変わる転機ととらえて、前を向いてやれるだけのことをやってやろうという気持ちになっていました。

逆風のなかで生き残るために、確立された経営基盤を活かしつつ、不要なものは作り変える。そして、未来へ向けて大胆かつ柔軟に発想の転換をしていこうと、これまで改革を進めていきました。

自動車学校業界は長らく安定した需要と、公安委員会のガイドラインに従ってさえいれば大丈夫という安心のもとに運営を続けてきたため、競争に慣れていません。そのため顧客に選ばれるためのノウハウの積み重ねがなく、安易な価格競争に陥りやすいという面もあります。顧客数も単価も上がる見込みがないなかで、泥沼の価格競争を続けた先には自滅、共倒れの未来しかありません。私の改革の第一歩は、現状を正しく認識したうえで、いかに業界で生き残ることができる企業になるかということでした。

これまでのさまざまな取り組みと改革の結果として、入校者数を更新し続け、２０１５年に徳島県内において通学の普通車入校者数が初めて№１となり、２０２４年現在も継続しています。そして２０２２年には創業以来最高の業績を記録しました。また一時期、部署によっては40％近くあった離職率は大幅改善し、５％前後を維持しています。さらに、多くの顧客に支持され、Google の口コミの評価は４・８となり、新卒採用においても、多くの学生に応募してもらえる企業となりました。

また、私の会社のシンクタンクとして立ち上げた動画制作会社のシンク・スリーも映像事業の業績は向上し続け、今年度からは海外事業の展開も決定しています。

これらの結果をもたらしてくれたのは、従来の自動車学校の常識にとらわれない取り組みや人事制度、自社が掲げている経営理念やビジョン、何よりもそれらを実行し続けてくれる社員たちの日々の頑張りだと考えています。

私はまだ進むべき道の途中で、確立した経営ノウハウを伝える立場にないと思っています。ただ、大きく変動する時代のなかで、現在の自分の考えをまとめておきたい、斜陽産業といわれる自動車学校のなかで自分がどのように考えて、何を大切にしているのかをまとめておきたいと考え本書を執筆しました。

本書では、私が変わらない思いや信念を実現させるために、自動車学校の三代目として推し進めてきた取り組みや今後のビジョンを紹介することで、自動車学校という定型化されたビジネスモデルであっても、その強みを残しながら発想の転換や価値の再発見が可能であることを具体的に示していきます。同じような状況に立たされている中小企業の経営者や二代目・三代目にとって、私なりの考えが経営改善のヒントとなれば幸いです。

目次

第2章

先代たちの理念を確実に継承して経営改革を行う

第3章

第4章

第5章

斜陽産業はアクセル全開で——
逆境に悲観せず改革に取り組めば、衰退する業界も変えられる

第1章

少子化により止まらない マーケットの縮小

自動車学校を継いだ三代目社長の厳しい現実

数字を追い求めた初代、経営理念を作った二代目の後を継ぐ

「初代が創り、二代目で傾き、三代目が潰す」とよくいわれます。「あの会社、三代目で潰れたらしい」という噂話を耳にしたことがある人も多いはずです。かくいう私も三代目社長であり、家業は徳島市にある自動車学校です。

もともと祖父が経営していた製材所が１９６２年に移転し、その跡地に自動車学校を開校したのが始まりです。当時の日本はまさにモータリゼーションの真っただ中で、１９６４年の東京五輪を目前に控え、自動車の保有台数も飛躍的に増加しました。祖父はこの高度経済成長期の波に乗り、自動車学校の経営基盤を作りました。

そして２００４年、事業承継すべく私の母が二代目として副社長に就任し、４年後には新たに「母校」という経営理念を策定しました。この理念は自動車学校を、懐かしく、たくさんの思い出が詰まっている心のふるさとにしたいという考えからでし

た。

この理念は社内外から多くの共感を呼び、現在も私が運営する自動車学校の根幹をなすミッションとして高々と掲げています。初代が築き上げた経営基盤という土台に、母が経営理念という柱を立ててくれたのです。母は現在も会長として私を公私ともに支えてくれています。

私は地元の高校を卒業後、東京の大学に進学し、大学卒業後は東京の広告代理店に入社しました。その会社は大手飲食チェーンが取引先だったこともあり急速に成長を遂げ、入社当時は小さな雑居ビルにオフィスを構えていたのが、数年後には都心の一等地にある高層タワービルに移転するほどでした。

ところがその会社は移転後2年足らずで倒産してしまったのです。このとき私は、業績が順調であっても常に改革し続けていかないと企業はあっという間にだめになってしまうという現実を目の前に突きつけられました。

その後、私は某有名グルメサイトに再就職し、新規開拓営業の仕事で優秀成績者となり、全社総会で表彰されるなどの実績を上げました。東京におけるビジネスの最前線で自信を深めた私は、家業を継ぐことを前提に、東京の大手自動車学校で武者修行のつもりで2年間、自動車学校の経営を学んだあと、2012年、満を持して実家の自動車学校に取締役として入社したのです。

今思えばその時期に入社したのは、何かに導かれた運命だったような気がします。なぜなら当時、自動車学校業界は大きな転換期を迎え、存続のためには大胆な変革を求められていたからです。

少子化に伴い、運転免許を取得したいという若者の絶対数の減少、さらに長引く不況の影響で若者たちの車に対する興味も薄れ始めた時代でした、車人口自体も減少し始め、自動車学校の生徒数も急激に減っていきました。そうした現実を目の当たりにして、私は自分の東京での経験があるからこそ、常に変わり続けなくてはいけないという思いを強くしたのです。

なぜなら、いざ会社が倒産すればベテランや年配の人ほど次の就職先が決まらないという厳しい現実があるからです。最悪の場合、家庭崩壊にまで至ってしまいます。

そうさせないためには、経営者が会社を倒産させないことが第一です。具体的には、変化を伴うことが会社を守ることになり、それがベテランも含めたすべての社員を守るということにつながるのです。

実際、私は自動車学校事業を中心としながら、変化を伴うさまざまな事業に取り組んできました。入社した２０１２年当時と比較すると、35％以上売上を増加させ、２０２２年には創業以来最高の業績を記録しています。普通車免許教習のシェアで徳島市内№１に押し上げ、現在も継続中です。また、すべての社員に働きがいのある場所を提供するために、多様な価値観を認める制度を作ってきました。

しかし、こういった変革の根底には、決して変えてはいけない会社の基盤があります。それは祖父が築き、母が育てた揺るぎない土台です。土台がしっかり支えてくれているからこそ、そのうえで私独自の経営理念とビジネスモデルを展開できるのです。初代、二代目が作り上げた会社の基盤があってこそ、三代目の私が時代に合わせた経営改革をできるというのは実に恵まれた環境だと思っています。

そういった環境でこれまでさまざまな取り組みを行ってきましたが、それらはすべて自社のもつ大きな目的・ビジョンを達成させるための方策を考えてのものです。世間一般的に「三代目が会社を潰す」といわれることが多いのは、三代目がそれだけ大きな変革のタイミングにおかれがちな存在だからだと思います。

陸上の三段跳びでいえば、ホップ・ステップ・ジャンプのジャンプが三代目の役割です。本来、これらは一連の動作であり、どれか一つでも不完全だと好記録は生まれません。ジャンプの前段階でのほんの数㎜の狂いが、ファウルや凡庸な記録に終わる原因となることもあり得ます。しかし素人目には「最後のジャンプがだめだった」と映りがちです。それは結果に直結する最も大事な動作だと思われているからで、同じことが会社経営にもいえると思います。宿命的に注目とプレッシャーを受ける存在、それが三代目なのです。

そしてもう一つ、創業時は波に乗っていた会社が、三代目になると傾くといわれる大きな理由が時代の変化です。例えば、私が入社したのは創業からちょうど50年目にあたります。実はこの50年というのがキーとなる数字なのです。

景気循環に関する学説の一つに、景気が約50年周期で循環するという考え方があります。ロシアの経済学者ニコライ・コンドラチェフ氏が提唱したことからコンドラチェフ波動とも呼ばれます。簡単にいうと、景気は画期的なイノベーション（技術革新）を牽《けん》引《いん》役として拡大し、やがて縮小局面へと大きく循環してきたという考え方です。その周期が50年だというのです。

具体的には産業革命から現在まで５つの波があったといわれています。最初の波が「蒸気機関、紡績」、次が「鉄鋼、鉄道」、第３波が「化学、電気、自動車」、第４波が「エレクトロニクス、原子力、航空宇宙」で、第５波が「コンピューターを基盤としたデジタル技術、バイオテクノロジー」です。

これには諸説あり、現在も第４波が続いていて、これから「ライフサイエンス、人工知能、ロボット」が牽引する第５波が来るといった見方もあれば、今後の波を起こすイノベーションは「環境」「食料」「エネルギー」「高齢化」がキーワードになるという説もあります。もちろん、これは地球規模の大きな視点で見た周期です。しかし、私は一つの産業においてもこの50年周期が当てはまるのではないかと思います。

高度経済成長期のモータリゼーションと人口拡大とともに始まった自動車産業が、バブルを経て、低成長期のオートノマスドライビング（自動運転）と人口縮小によって苦境に立たされているのは、まさに宿命的ともいえます。そんな大きな転換期に会社の舵《かじ》取りを任されることが多いのが三代目です。この時代の変化に気づかず、創業者や二代目が作り上げた基盤に頼るだけでは、経営が傾いて当然です。

この50年周期仮説に限らず、時代は常に残酷なほど変化していきます。その時代に応じたマーケティングを行い、顧客ニーズに合わせた商品開発をする必要があり、それは創業時も二代目のときも変わらないはずですが、三代目のときの波が特別に大きいのです。だからこそ、失敗してしまう社長が比較的多く、そのことから「三代目が潰す」という言葉が生まれたのではないかと私は推測しています。

一方で、社長であることが既得権益になっているケースもまれに見られます。今ある利益だけを守れば会社は安泰、このまま続けていけば及第点という守りの姿勢が強い三代目は、一から苦労して会社を立ち上げた創業者とは、経営的にどうしても温度差が生まれてしまいます。先代たちが築き上げた基盤が、残念ながらマイナスに働いてしまっているのです。

その違いを、昔から会社を支えてきた古参の社員は敏感に感じ取ります。それが少しずつ求心力の低下として表れ、さらに売上が減ったり、従業員が離れていったりという事態に陥ってしまいます。気づいたときには首が回らぬほどに重症化しており、もっと早く手を打っておけば良かったと後悔するということもゼロではありません。

創業当時を知る人がほとんどいなくなるのも三代目の時期です。客観的なアドバイスや、会社や社長を思って苦言を呈してくれる社員がいないことほど、社長を孤独にすることはありません。幸いにも私には創業時から会社を支えてくれている大番頭的な社員がいるので、とても助かっています。しかし、そうした存在がいない三代目社長は、相当大変な舵取りを強いられるはずです。私の周りにも三代目の社長は多くいますが、皆それぞれ一生懸命会社を存続させるために努力しています。

直面したのはマーケット縮小が止まらない自動車学校の現実だった

自動車学校業界が立たされている苦境、その第一が全国的な指定自動車教習所の減少です。指定自動車教習所とは、自動車運転教育を行っている施設のうち、資格のある指導員の配置、コースの面積や作り方、学科を勉強する教室を有していること、そのほか教習の内容等が道路交通法令の定める基準に適合しているとして公安委員会が指定したものです。

卒業者は運転免許センター（試験場）での技能試験が免除となりますので、国のお墨付きを得た教育施設といえます。ちなみに名称は、自動車教習所、自動車学校、ドライビング・スクール、モーター・スクールなどさまざまありますが、毎年、新規免許取得者の約97％に当たる人たちが指定自動車教習所を卒業しており、自動車学校といえば一般的にこの指定自動車教習所のことを指します。もちろん、私が運営する自

指定教習所数と卒業者数の推移

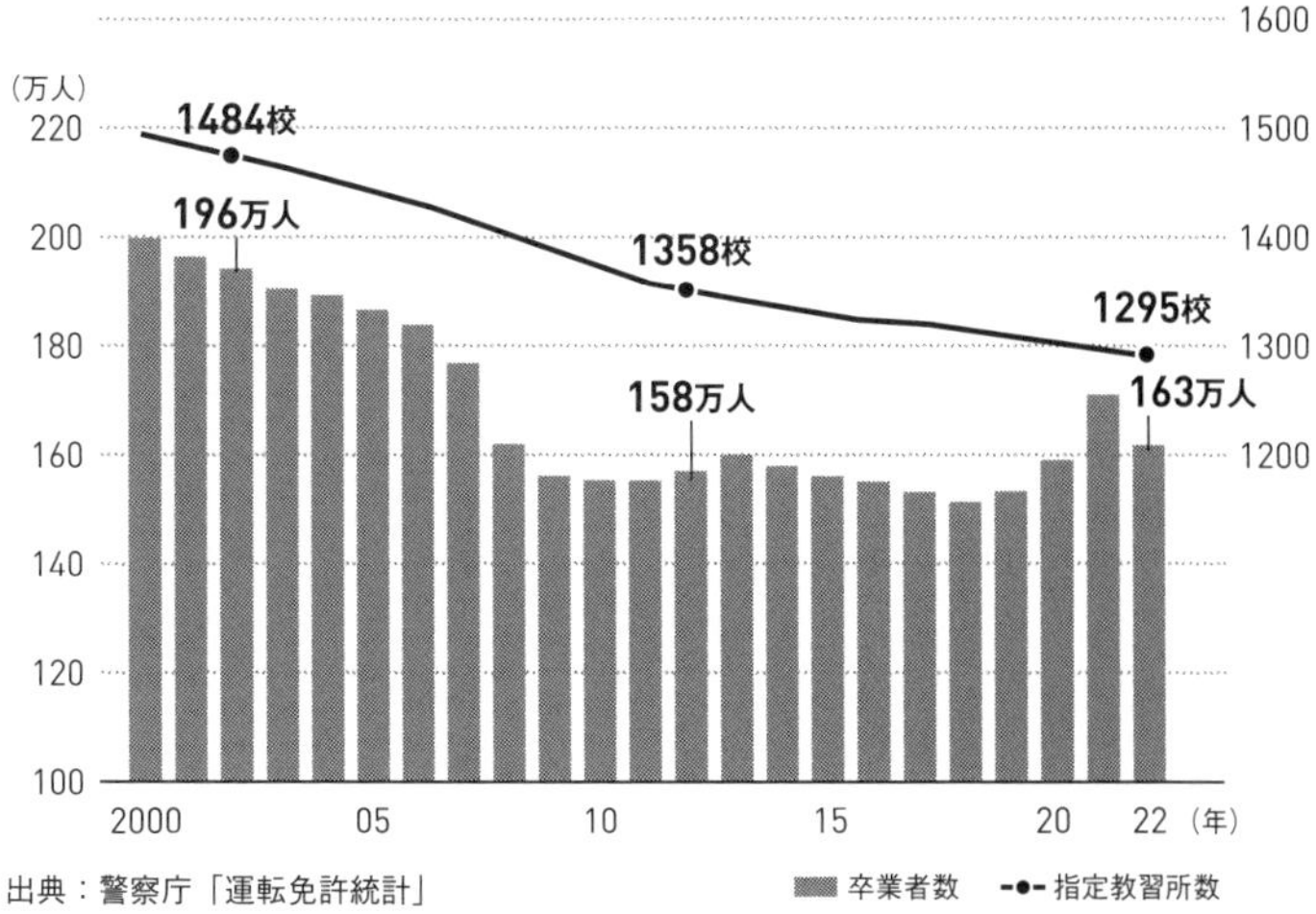

出典：警察庁「運転免許統計」

動車学校も、全国に多数ある指定自動車教習所の一つです。

しかし、この指定自動車教習所の運営は、厳しい状態が続いています。警察庁の運転免許統計によると、２００２年の指定自動車教習所の卒業者数は１９６万人を超えていましたが、その10年後、私が入社した２０１２年には１５８万人にまで落ち込んでいます。それに比例して、自動車学校の数も１４８４校から１３５８校に減少しており、どちらも同じように右下がりとなっています。

その後も自動車学校の数は減り続

け、２０２２年時点では１２９５校となっています。なんと約20年で１８９校も減っているのです。直近10年でも63校、つまり年に６校近い自動車学校が事業の継続を断念して、統廃合に追い込まれています。

　このように自動車学校が減少している理由はさまざまにいわれていますが、大きく分けて少子化、経済的負担、公共交通機関の発達だと私は考えています。

　まずは理由の１つ目、少子化の影響についてです。総務省統計局人口推計（令和４年10月１日現在）の年齢（５歳階級）別人口によると、２０２２年10月時点の45〜49歳の人口は９４６万２０００人です。一方、同年の15〜19歳の人口は５５１万２０００人となっています。30年前に10代後半だった世代より、現代の10代後半のほうが、４００万人近く少ないのです。これは何を表しているかというと、市場規模の縮小です。

　駐車場のタイムズパーキングなどを運営するパーク24が、２０２１年２月に同社のドライバー会員に行った運転免許に関するアンケートによれば、自動車の免許を取得した年齢は18歳という回答が最も多く全体の38％、19歳（16％）、20歳（20％）と合わせると、４人に３人が20歳までに免許を取得しています。この結果は、30年前もさほど変わらないと思えます。なぜなら、昔のほうが18歳になったら免許を取るのが当たり前というイメージが強かったからです。つまり、自動車学校にとって最大の顧客がいる年齢層の人口が、30年前と比べて４００万人近く減っているのです。

世代的な影響は免許保有者の割合にも表れています。内閣府が公開している「令和５年版交通安全白書」によると、２０２２年末時点での運転免許適齢人口あたりの運転免許保有率は74・８％です。そのうち、最も保有率が高いのは50～54歳で93・９％でした。

一方、最も保有率が低いのは16～19歳で18・４％となっており、80歳以上（22・８％）より少ないのです。これは単に、これから免許を取得しようとする人が多く含まれているからだともいえますが、パーク24のアンケートで〝４分の３〟が取得し終えたことになっている20～24歳の人口を見ても74・４％と、その親世代である50～54歳と比べると約20ポイントも下がり、残念ながら、自動車学校の市場規模が30年前と比べて大幅に縮小しているという仮説を証明しています。

男女別運転免許保有者数と年齢層別保有者率（令和４年末）

年齢層別人口（千人）　運転免許保有率（％）

男（千人）	男 保有率	男 保有者数	年齢層／年齢層別総人口 保有者数(保有率)	女 保有者数	女 保有率	女（千人）
4,503	45.6%	2,055,320人	80歳以上／12,334(千人) 2,814,150人(22.8%)	758,830人	9.7%	7,832
3,151	76.1%	2,396,728人	75～79歳／7,030(千人) 3,850,902人(54.8%)	1,454,174人	37.5%	3,878
4,405	85.7%	3,775,005人	70～74歳／9,337(千人) 6,558,325人(70.2%)	2,783,320人	56.4%	4,932
3,665	91.7%	3,362,346人	65～69歳／7,535(千人) 6,238,779人(82.8%)	2,876,433人	74.3%	3,869
3,684	95.0%	3,500,601人	60～64歳／7,445(千人) 6,662,487人(89.5%)	3,161,886人	84.1%	3,761
4,037	96.5%	3,895,021人	55～59歳／8,074(千人) 7,480,196人(92.6%)	3,585,175人	88.8%	4,039
4,755	96.8%	4,602,417人	50～54歳／9,436(千人) 8,859,132人(93.9%)	4,256,715人	91.0%	4,680
4,792	95.6%	4,581,534人	45～49歳／9,463(千人) 8,818,043人(93.2%)	4,236,509人	90.7%	4,671
4,028	95.8%	3,859,389人	40～44歳／7,946(千人) 7,415,846人(93.3%)	3,556,457人	90.8%	3,918
3,669	94.7%	3,474,083人	35～39歳／7,211(千人) 6,630,613人(92.0%)	3,156,530人	89.1%	3,544
3,299	91.2%	3,008,915人	30～34歳／6,445(千人) 5,690,136人(88.3%)	2,681,221人	85.2%	3,146
3,294	86.3%	2,842,292人	25～29歳／6,413(千人) 5,346,117人(83.4%)	2,503,825人	80.3%	3,117
3,217	78.0%	2,509,576人	20～24歳／6,264(千人) 4,659,099人(74.4%)	2,149,523人	70.5%	3,048
2,274	20.6%	467,738人	16～19歳／4,428(千人) 816,724人(18.4%)	348,986人	16.2%	2,154
52,773	84.0%	44,330,965人	男女合計／109,361(千人) 81,840,549人(74.8%)	37,509,584人	66.3 %	56,589

注１　人口については、令和５年総務省統計資料「年齢（各歳）、男女別人口及び人口性比－総人口、日本人人口（令和４年10月１日現在）」による。
　２　人口の千単位は四捨五入しているので、合計の数字と内訳が一致しない場合がある。
出典：内閣府「令和５年版交通安全白書」

特にこの傾向は地方において顕著であり、人口が減少し続ける地方の自動車学校は、自社の経営努力にかかわらず、その地域の18歳人口が大幅に減少するなかで苦境に立たされています。また域内に大学や専門学校などが存在せず、地元高校生以外の入校が見込めないため、繁忙期といわれる1～3月以外の入校が期待できず、苦戦を強いられる傾向が見受けられます。

２つ目の理由は若者にとっての経済的負担です。ソニー損害保険株式会社による「２０２３年 20歳のカーライフ意識調査」によると、「自分の車を持っている」人は19・6％、居住地別に見ると、地方では22・8％と、都市部（8・3％）と比べて14・5ポイント高くなっています。そして車を購入するつもりがない人に、自分の車を持ちたいと思わない理由を聞いたところ、「購入費用を負担に感じるから」（37・3％）が最も多いという結果が出ました。自動車以外にスマートフォンや旅行、マンションなど、昔より支出の幅や額が変わっていることもありますが、多くの若者が自動車の購入を経済的負担だと感じている寂しい結果といえます。

実際、日本の平均年収はこの30年ほとんど上がっていません。会社員の給料についても、大手企業は２０２３年に入って軒並み初任給アップを行っていますが、それはごく一部で、日本の99・７％を占める中小企業はとても社員の給料アップにまで資金を回す余裕はありません。そうしたなか、車両価格だけでなく駐車場や保険、税金などのランニングコスト全体を考えると、自動車購入、ひいては免許取得が一般消費者にとって高いハードルであるのも当然です。

私が考える免許離れの理由の３つ目は公共交通機関の発達です。同じソニー損害保険株式会社の「２０２３年 20歳のカーライフ意識調査」によると、車を購入しない理由の1位「購入費用を負担に感じるから」に続く2位が、「車以外の移動手段が充実しており、車に乗る必要性がないから」（28・０％）でした。

もちろん都心部よりも人口減少が進む地方では、廃線となる路線も相次いでいます。乗客が減少すれば鉄道会社の収益も減少するため厳しい状況にあるのも当然です。若者が都心部へと流出する理由は「利便性が高い」「地方には魅力のある雇用が少ない」など多岐にわたりますが、生活コストが高く、交通機関が発達している都心部では多くの若者が車を持とうと考えないのもうなずけます。

先ほどの調査でも、都市部に限定すると「車以外の移動手段が充実しており、車に乗る必要性がないから」（34・９％）が購入しない理由の1位となっており、公共交通機関の発達が免許取得の意欲を失わせているのは明らかです。今後、自動運転技術が進歩していけば、その傾向はますます高まるのではないかというのが自動車学校業界の共通認識なのです。

時代が求めるグローバル化、デジタル化

自動車学校をとりまく大きな課題はほかにもあります。まずはグローバル化です。新聞報道などによると、日本は少子高齢化による人手不足を外国人労働者によって補おうとしています。例えば、政府は２０２３年6月、外国人労働者を受け入れる在留

資格「特定技能」について、在留期間の更新に制限がなく、家族も帯同できる「２号」を現行の２分野から11分野に拡大することを閣議決定しました。これは経済界などの要望を受けた措置で、幅広い分野で外国人の永住に道を拓くターニングポイントと政府は説明していますが、「事実上の移民の受け入れにつながる」と反対する人もいます。

個人的にはこうした外国人労働者受け入れの流れは止まらないと考えています。厚生労働省が２０２４年１月に発表した「外国人雇用状況」によると、２０２３年10月末時点、日本で働いている外国人は前年比12・４％増の２０４万８６７５人となっています。この１年で22万５０００人あまり増え、過去最高を記録しました。国籍別ではベトナム、中国（香港、マカオを含む）、フィリピンの上位３カ国だけで１１０万人を超え、６割近くを占めています。

このように将来的にはやはり増大の一途をたどることがデータによって示されています。国立社会保障・人口問題研究所の「日本の将来推計人口」によると、総人口に占める外国人比率は、２０７０年には10・８％（２０２３年１月１日時点で２・３％）、

日本で働く外国人労働者数の推移

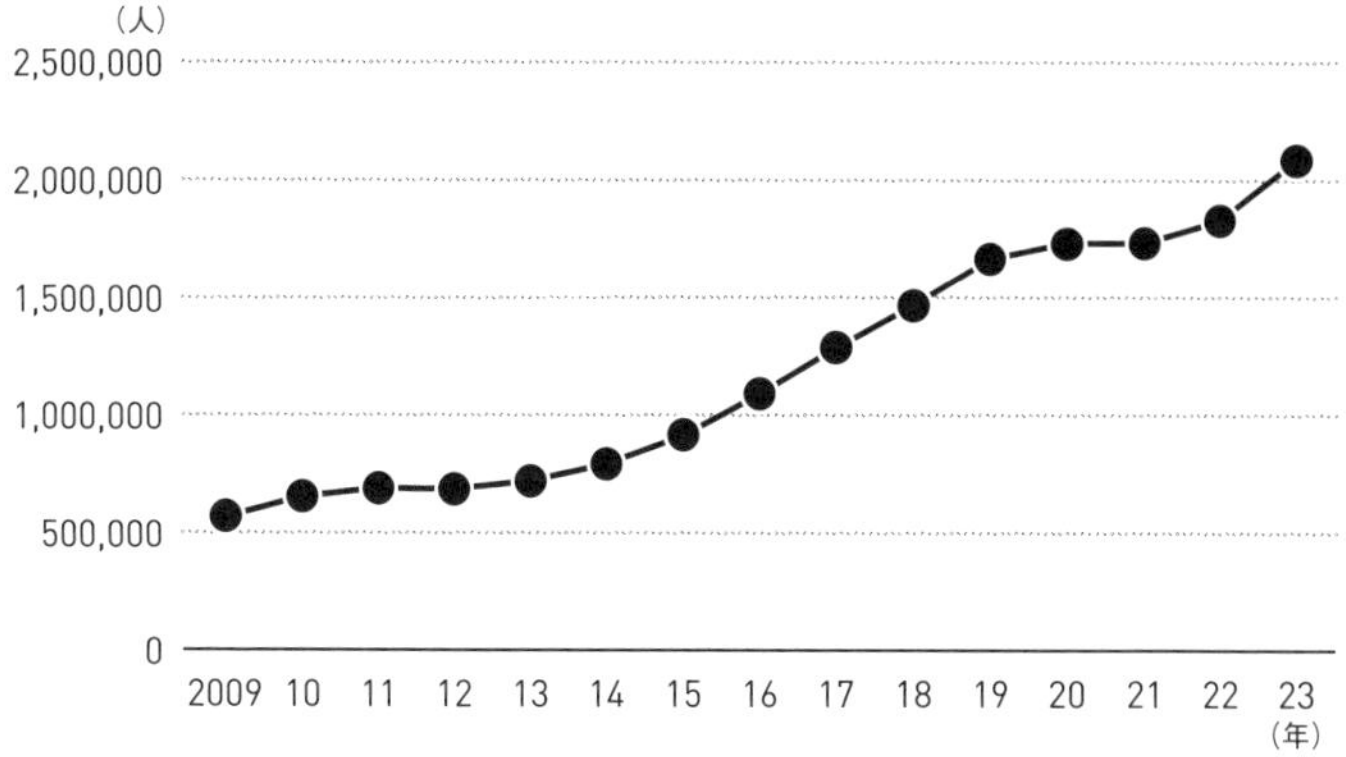

出典：厚生労働省「外国人雇用状況」

就業者数に占める外国人労働者数の割合は2070年に「産業計」で12・3％（2022年時点で2・7％）にまで高まることが予想されています。

こうした外国人労働者の増加によって、今後、外国人の自動車運転免許取得のニーズの増加が予想されます。観光や短期留学なら鉄道やバスなどの公共交通機関、タクシーなどで事足りますが、長期的に働くとなると、特に地方では自ら自動車を運転して移動することが必須となるからです。

外国人が日本で自動車の運転をするためには、現在は主に切り替えと、新規取得の2つの方法があります。切り替えというのは、自国で取得した免許や国際免許を日本の運転免許に切り替えるということです。

これにはいくつか制約があり、適用できない国もあります。例えば、日本の外国人労働者のなかで最も多いベトナムは、日本での運転の条件となるジュネーブ条約に非加盟のため、ベトナムで取得した国際運転免許を日本で使用することができません。そのほかの国でも、本国で免許証を取得していない、取得していたとしても日本の交通ルールについてしっかりと学びたいという場合は、日本の自動車学校に通い、新規に運転免許証を取得しなければなりません。

そう考えると、こうした外国人ニーズの増加自体はマイナス要因とは言い切れず、むしろ歓迎すべきことではありません。しかしその半面、外国人生徒を受け入れるためには、教習教材や指導方法を外国人に対応させる必要があります。具体的には多言語化するということですが、ただでさえ人手不足の自動車学校にとって、多言語対応の教材や指導スタッフの確保は簡単なことではありません。すでに取り組んでいる自動車学校もありますが、まだまだレアケースといえます。

もう一つはデジタル化です。近年急速な勢いで開発が進んでいる自動運転技術は自動車学校の経営に大きな影響を与えることが予想されます。自動運転技術のレベルは、運転の主体や自動運転の技術到達度、走行可能エリアなどによって、レベル0からレベル5までの6段階に分類されています。

日本では、2020年4月にレベル3が解禁されました。これは一定条件下においてすべての運転操作をシステム側が行い、緊急時には運転手が運転操作を担うレベルを指します。それよりさらに難度が高いレベル4も、2023年4月1日の改正道路交通法施行により公道での走行が可能になりました。

レベル4は特定条件下における完全自動運転のことで、領域内であれば緊急時でもドライバーが関与する必要がなく、システムがすべてにおいて運転を行います。無人運転も可能ですが、自動運転中の車を監視する役割の人間をおく必要があります。なお、その監視役は自動運転車に乗っている必要はなく、遠隔システムの監視でも可能です。

日本では２０２５年をめどに、自家用車の高速道路におけるレベル４の実現と限定地域における無人自動運転移動サービスを50カ所程度で実現させる方針です。ここまでくると、完全自動運転のレベル５の達成は目前といえます。そのとき、自動車教習所では何を教えればいいのか、すでに戦々恐々としている関係者は多いと思います。

正直、今後自動運転化がどう進んでいくのかは私にも分かりません。一部メディアでは自動運転については免許を必要としない形で検討しているといった報道がありましたが、実現についてはまだまだ未知数です。

しかし、このような大きな変化を目前として、私たち業界は無力といわざるを得ません。自動運転が海外で急速に一般化し、日本の産業界もその利便性と有効性を認め、世界に追随していくという流れを止めることは不可能だと思います。

だとすれば、この変化の潮流のなかで自動車学校はどうやって生き残っていくのかを早急に模索していく必要があります。

そして、サステナビリティの課題もあります。自動車学校では、教習車を頻繁に使用するため、燃料の消費量が大きくなります。また、教習コースや施設の運営にも多

国内 EV（BEV＋PHEV）販売台数、比率ともに過去最高値

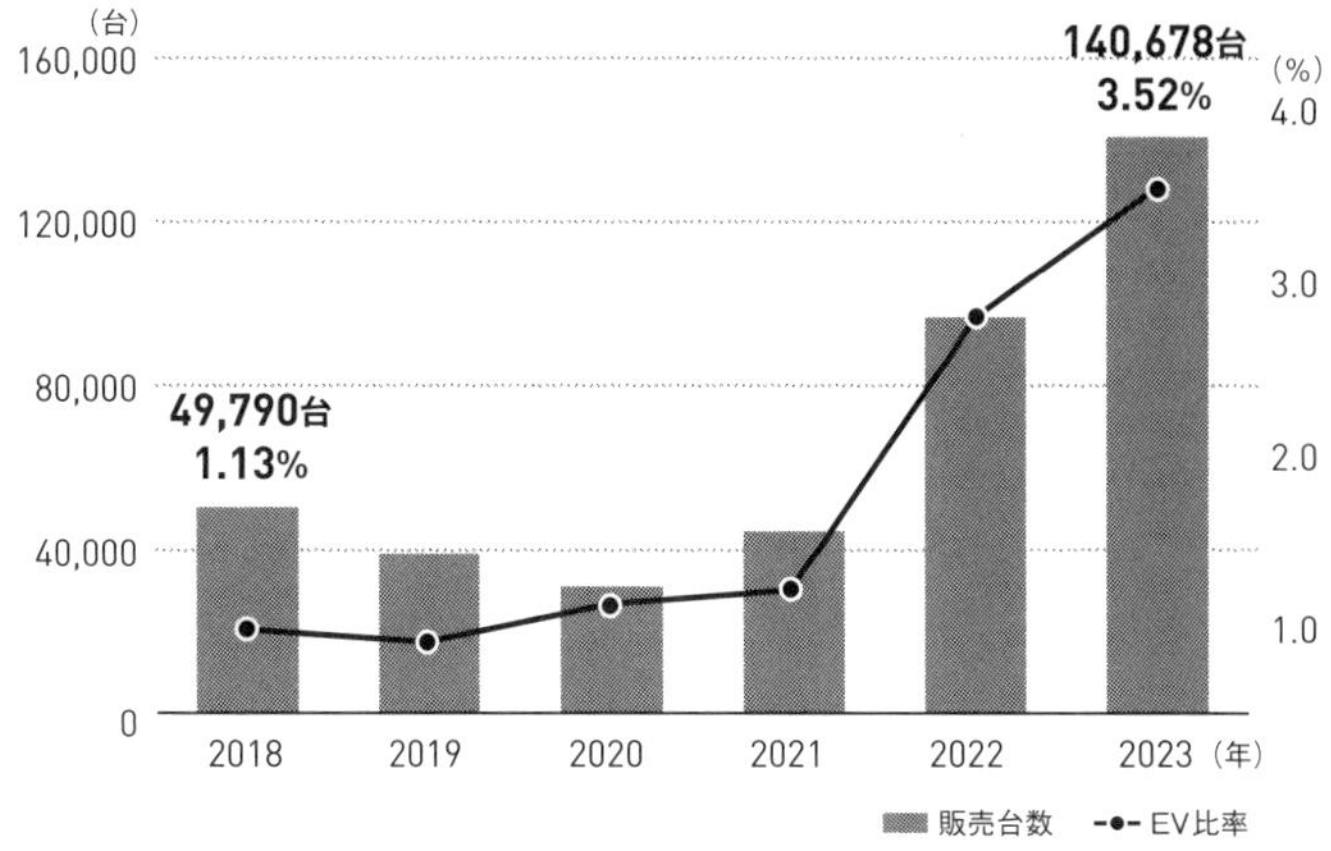

出典：ENECHANGE 株式会社，EVsmartblog

くのエネルギーが必要です。これにより、二酸化炭素（CO^2）やそのほかの温室効果ガスの排出量が増加し、気候変動に少なからず影響します。工業分野などに比べると、その影響は微々たるものかもしれませんが、いまやすべての産業が取り組むべき課題です。

　そこで、こうした環境への負荷を軽減するために、自動車教習所でもエコドライブ教育や電気自動車の導入などを検討しています。日本国内での電気自動車の販売台数は拡大しており、2023年の電気自動車の国内販売台数（軽自動車含む）は前年比約5割増の14万678台で、統計を開始した２０１８年以降過去最高となりました。乗用車全体に占める割合は3・52%で前年（2・80%）を0・72ポイント上回りました。この割合は今後不透明ですが、環境へのニーズは不変であり続けると思います。

顧客ニーズの観点からも、電気自動車の自動車教習所への将来的な導入は必然ですが、残念ながら現段階で電気自動車による教習は認められていません。こうした規制も、自動車教習所の持続可能性にとっては足枷《あしかせ》となっています。

需要が減少し、競合他社との価格競争は激化

運転技術の基本を学ぶために自動車学校を訪れる人々は、運転免許取得者の95%以上に上ります。つまり、もともと選択肢が多くない産業であり、特に需要過多であった従来の自動車学校の経営方針は、「公安委員会のガイドラインに従って運営すれば、生徒が来る」というものが主流でした。この時代はそれでよかったのだと思います。

競争しなくても生徒が来るのであれば、無理に競争するよりも、来た生徒にいかに定められたカリキュラムを提供するか、いかに効率良く免許を取得してもらうかに営業の力点が傾いて当然です。経営方法は時代に合わせて変わるものだからです。

しかし、少子化により、新たな運転免許取得者の数が長期的に減少し続けている今、待っているだけでは当然生徒は獲得できません。母数である免許取得人口を簡単に増やせないからには、必然的に競争せざるを得なくなります。つまり、許認可事業だからといってあぐらをかいているのではなく、製造業や小売業、サービス業のように経営戦略やマーケティング戦略の実施が必須だと私は思います。

こうした経営戦略にすでに取り組んでいる自動車学校は全国に少なからずあります。そうした自動車学校に共通するのが、「顧客に選ばれること」を第一に考えていることです。それは差別化、すなわち自社だけの特性や魅力を明確にし、競争力を磨くということだけではなく、ユーザーから「選ばれる理由」を想像し、創造していきます。つまりアイデアが大事なのです。そのためにはユーザーのニーズや不満、競合他社の存在、市場の成長性、自社の市場内での立ち位置などを把握することが求められます。

例えば、進学を機に地方から転入する若者が多く、一人あたりの所得も多い首都圏では、至れり尽くせりの高価格コースを設定する流れがあります。東京のとある自動車学校ではＶＩＰプランを用意しています。待ち時間はコンシェルジュが常駐し、無料の飲み物や菓子が用意されたラウンジで過ごせるほか、教習時間にはインストラクターがわざわざ迎えに来て、混雑時でも優先的に予約が取れます。これも地域の現状を把握したうえでのマーケティング戦略だといえます。

教習所のネガティブなイメージも教習所離れの一因といえます。それは、「教習所の指導員は厳しい」という根強いイメージです。原因として考えられるのは、自動車学校は交通安全を教える場所だという考え方です。

交通ルールを学ぶ場所に、過度なサービスは不要であるといった考えが、今も多くの自動車学校の根底にはあると思います。確かに事故を防ぐためには、時に厳しく指導することも必要ですし、国から安全指導を委託されている立場としては理解できます。

さらに、多くの生徒が指導員より年下だということも理由として挙げられると思います。生徒からすれば、年齢が一回りも二回りも上の指導員の教えは絶対的なものです。それが結果的に、「教習所の指導員は厳しい」という自動車学校のネガティブなイメージにつながっているのかもしれません。

こうした風潮は、私が戻ってきたときにもまだ残っていました。休み時間に指導員たちが、「生徒に厳しくして泣かせた」「泣いたけど結果的に免許を取らせてくれてありがとうと言われた」などという話を武勇伝のように自慢する風景を少なからず目にしたものです。

もちろん、そうでない指導員も大勢います。例えば、若い指導員は生徒と年齢が近いこともあり、優しく丁寧に教えようとします。しかし「厳しさは愛情」という文化が根強いため、いつの間にかそちら側の色に染まってしまうのです。

こうした顧客重視ではなく指導者重視的の風潮は、教習所がリピーターの少ない業界であることに起因している可能性もあります。生徒は一度卒業すれば、再び戻ってくることはほとんどないからです。そのため、伝え方について無頓着になってしまう傾向があったことは否定できません。

そうした鬼教官のネガティブなイメージを払拭すべく、積極的に施策を打ち出している自動車学校が全国にはあります。例えば、東京のとある自動車学校では、顧客満足度を上げることをテーマに指導員の指名制度を導入しています。指導員の3割を女性とし、教習中は併設している認証保育施設に無料で子どもを預けられるなど女性のニーズを取り込む工夫を凝らしています。そのためには、施設を明るく清潔に保つことは大前提です。

一方で、マーケティング手法に慣れていない、ネガティブなイメージを払拭できないとなると、価格競争に走るしかないと判断する自動車学校もあります。同じ地方の自動車学校の経営者としてその気持ちは痛いほど分かります。

本来、自動車学校の最大の訴求ポイントは「安全運転教育を行う」ということだと思います。私自身、これまで数百人の人に、自動車学校って何をする場所ですか？と聞いてきました。大半の回答が、免許を取得する場所でした。つまり消費者からすれば、自動車学校は免許を取得する場所でしかなく、初心運転者の事故率の低さや交通安全教育の質の高さといった内容によって選ぶという概念が存在していないのです。

その結果、求められるのは料金と利便性のみです。そういう状況で自動車学校が競争に勝ち抜いていくためには、そこで勝負するしかなくなっていきます。交通安全教育の拡充にリソースを注ぎ込んでもアピールできない、もしくは顧客から認知されないとなれば、やっても無駄ということになってしまうのです。

自動車学校が真に初心運転者の教育・安全な運転の提供をしようと思えば、その活動自体に価値が見いだされるべきですが、残念ながらそうなってはいません。一般的な市場経済の中では、利益を生み出さない活動は極論すれば意味がないということになってしまうからです。

斜陽産業では若手従業員の確保も難しい

自動車教習所は斜陽産業といわれています。古くはエネルギー革命によって衰退した石炭産業や、外国製品との競争により比較優位を失った繊維産業などがその代表例でした。今はスマートフォンの普及や少子高齢化によって需要が激減した業界を指す言葉となっています。

紙媒体の新聞は、スマートフォンの普及によって打撃を受けている業界の一つです。無料でネットニュースを見られる昨今、紙の新聞は不要だともいわれています。日本新聞協会によると、新聞販売部数のピークは1997年の5376万5000部で、それ以降は減少傾向にあり、2018年には3990万1576部まで落ち込んでいます。

カメラもスマートフォンの勢いに押し出された業界の一つです。カメラ映像機器工業会によると、デジタルカメラの生産出荷台数のピークは2010年で1億2146

万３２３４台。しかし２０１８年は１９４２万３３７１台と、８年間で２割以下になってしまいました。

少子高齢化が原因で需要が激変したとされているのが百貨店業界です。若者の百貨店離れが進んでおり、国内需要が低迷しています。若者にとっては、ショッピングモールやネット通販などのほうが手軽なのです。経済産業省によると、百貨店販売額のピークは１９９１年の約12・１兆円でしたが、２０１６年には６・６兆円にまで落ち込んでいます。

日本の基幹産業である自動車業界も国内では斜陽産業です。その理由は私は少子高齢化が最も大きいと思います。単純に車に乗る人の数が減れば販売台数も減るからです。そして、世の中の車の数が減れば、当然免許の必要性も減ります。自動車学校の斜陽産業化は、自動車業界の斜陽産業化と切っても切り離せないのです。

こうした斜陽産業に起こるのは何かというと、人手不足です。これは、コロナ禍で一時的に悪化した旅館・ホテル、飲食業界の人手不足とは質が違います。実際、自動車学校業界の人手不足、つまり教習指導員の減少は、コロナ発生以前からの問題です。

教習指導員等数の年別推移

区分	技能検定員	教習指導員		副管理者		総数
			技能検定員兼教習指導員		技能検定員又は教習指導員	A＋B－C＋D－E＝F
年別	A	B	C	D	E	
2012年	18,813	32,083	18,807	4,217	4,125	32,181
2013年	18,828	32,626	18,826	4,274	4,189	32,713
2014年	18,835	32,608	18,832	4,323	4,231	32,703
2015年	18,872	32,125	18,870	4,355	4,274	32,208
2016年	18,686	32,167	18,684	4,391	4,315	32,245
2017年	18,993	32,048	18,987	4,478	4,388	32,144
2018年	18,689	31,494	18,663	4,497	4,408	31,609
2019年	18,435	31,144	18,431	4,563	4,469	31,242
2020年	18,385	31,086	18,243	4,581	4,484	31,325
2021年	18,305	31,033	18,301	4,590	4,482	31,145
2022年	18,237	31,207	18,230	4,647	4,534	31,327
2023年	18,063	30,673	17,994	4,646	4,522	30,866

出典：警察庁「運転免許統計」（令和３年版・４年版・５年版）

「運転免許統計（令和３年版）」によると、私が入社した２０１２年時点で、教習指導員は全国で３万２０８３人、技能検定員は１万８８１３人いました。しかし、２０２３年には教習指導員は３万６７３人、技能検定員は１万８０６３人と減少しているのです。職場である自動車教習所が減っているのだから当然だともいえますが、ほかにも原因があると私は考えています。

社員の質の向上や定着にも課題

自分の経験や同業者の体験を聞いていくと、教習所の指導員は、20代、30代の若手の退職・転職の希望が多いことを実感しています。

年齢分布などを見ても指導員自体の高齢化が進んでおり、同時になり手が減少し、入社しても早い時期に退職してしまうということが起こっています。このままいけば指導員の高齢化が進み、なり手が不足して教える人がいないという状況に陥ってしまいます。

　また、そうなってくると指導員という仕事の職責を担う資質を兼ね備えた人を採用することができず、なりたい人がいれば誰でも入社させる、もしくは業界内で人が動いていくいわゆる引き抜きのような形が一般的となってしまいます。

　私たちの仕事は教育業で何かを伝えていくという仕事であり、その人の資質がとても重要な要素であるにもかかわらず、このような状況が続けば自動車学校業界全体の質の低下につながってしまいます。

　このような状況に陥った原因は、業界全体が抱えるいくつかの問題にあると考えられます。

1　労務条件の問題

　私たちの業界はサービス業の側面が強く、生徒は余暇の時間を活用して通学することが多いです。土日・祝日や夏休みの時期、高校生であれば2月、3月といった時期に顧客が集中し、特に繁忙期の夏休みや春休みには、朝9時から夜9時まで、5日以上連続で勤務することもあります。逆に閑散期もあり、一年を通せば長時間労働とはいえないのですが、一時的にでも身体的、精神的疲労を蓄積させます。そこには潜在的な人手不足が原因としてあり、人手が足りないから労働時間も増えてしまうという、悪循環になっています。

このように、休みたいときに休めない、土日は家族サービスをしたい、繁忙期は体が疲れてしまう、そもそも休日が少ないといった労務面が従業員の疲弊と不満を生んでしまいます。

さらに給与面に関しても大幅な向上が見込めないといった点が問題です。求人ボックスが発表している２０２４年４月時点の教習指導員の平均年収は２９９万円と、全給与所得者の平均４５８万円に比べ、約１６０万円も低い金額です。マイナビ転職の２０２３年版「１１１業種のモデル年収平均ランキング」によると、最下位の百貨店の３６３万円にも及びません。これでは頑張って働こうと思うモチベーションが働きづらいのは当然です。

ちなみに同ランキングでは、１位が「外資系金融」（１６８３万円）、２位が「生命保険・損害保険」（８４６万円）、３位が「環境関連設備」（７９１万円）という結果でした。もちろんこうした高所得職種と比べても仕方ない部分はありますが、本来自動車教習は顧客の安全を保証する大事な仕事であり、しかもマンツーマンが基本なので、給与は相対的に高くあるべきだと私は考えています。地方でも年収５００万円や６００万円が当たり前にもらえるようになるのが理想です。

こういった点が原因となり、指導員本人が仕事を続けたくてもその配偶者や恋人から反対されて退職するケースも多くなっています。これはサービス業全体の課題でもありますが、私たちの業界においても顕著であると考えています。

２　仕事内容の問題

教習指導員は教習に当たって大きな責任を負っています。教習生が運転中に事故を引き起こした場合、教習指導員に落ち度がなければ法的な責任は問われませんが、指導者として教習生の安全確保や事故回避の義務を果たすべきなのは当然です。事故を防げなかったのかという問いが向けられることは避けられません。この責任の重さは、常に教習指導員の両肩にのしかかっています。

また指導員は人と関わるやりがいのある仕事ですが、教習の内容とやるべきことは厳格に定められており、それを同じことの繰り返し、ルーティンと感じる人もいます。自分のキャリアプランを考えたときに、日々の業務を同じことの繰り返しととらえてしまうと、自分の数十年先を考えたときに不安感を抱き、転職を決意するということも考えられます。

これは成長意欲の高い若手社員に多く見られ、重要な課題であると考えています。

3 対人関係の問題

対人関係の問題点は大きく2つに分けられます。

一つは、教習生との対人関係の難しさです。教習生のなかにはまれにやる気のない人や反抗的な態度をとる人もいます。こちらは安全運転を身につけてほしいので、そうした点を注意する場合がありますが、それを不満に感じた生徒が、窓口にクレームを言ったり、ＳＮＳで拡散したりすることがあるのです。

そうした行動は指導員にとって大きなストレスとなります。また、人対人のコミュニケーションは、好きな人には苦ではありませんが、苦手な人にはやはりストレスになる場合があります。

もう一つは、これはどのような業界にもありますが、職場内の人間関係に悩むことも多くあります。業界が閉鎖的で常に同じメンバーと仕事をしていること、指導員には上位資格などが存在していること、そもそも若手指導員が少ないことなどから、ベテラン指導員が指導方法について厳しく指導することもあります。

その指導に従わないと通常業務に支障をきたしたり、指導員間で派閥やグループができてしまったりなど、関係性に嫌気が差して職場を去る事例もあります。さらにはその自動車学校内での人間関係に迎合しない限り、日常業務で必要以上に叱責されたり、通常教習中に嫌がらせを受けたりといった事実もあります。こういったあまりにも稚拙な人間関係のトラブルが指導員の退職を招いている事実もあります。

4 自動車学校の将来性の問題

仕事内容の問題にも関係してきますが、自社の未来が見えないという話も聞きます。

私が経験した話ですが、自社に内定を決めた新卒の学生が就職課に報告に行ったところ、「あんな未来のない業界やめておきなさい！」と言われたそうです。

その事実もショックでしたが、未来が明るく、成長している業界か？と問われたときに自分自身でも疑問をもってしまうことも事実です。たとえ今が厳しくとも、将来有望であれば頑張って働こうと思うでしょうが、少子化によって市場が縮小し続けることが予想される業界に、明るい材料を見いだすのは難しいかもしれません。

そういったマイナスイメージがある業界に、あえて人生をかけて就職しようという学生は少なく、自分の将来を憂いて新たな可能性を模索しようとするのは必然だと思います。私の会社は社員の採用・エンゲージメントに強みがあり、毎年4～5人を新卒採用しています。離職率も低く、高い定着率を維持しています。採用と売上という斜陽産業の課題を、独自の方法で解決していきたいと考えています。

自動車学校の社会における存在意義とは

少子高齢化・自動運転化社会の到来は確かに自動車学校経営において大きな課題です。しかしながらそれ以上に危機感を伴った課題が、社会における自動車学校の存在意義です。

日本の免許制度は、私の祖父をはじめ先輩方が免許制度を監督している警察庁と協力して作り上げてきたたいへん優秀なシステムであり、それは日本の初心運転者事故率の低さ（初心運転者事故率は0・5％台で推移）となって現れていると思っています。

一般的に、自動車学校は「免許を取得する場所」ととらえられています。一方で、自動車学校業界の人間たちは「免許取得を通じて優良・安全ドライバーを育成する」といった考えをもっています。

このようにユーザー側と指導する側に認識の齟齬《そご》があり、さらに残念なことには自分たちがこう思ってほしいという業界のイメージと、一般ユーザーから見た自動車学校業界のイメージは離れてしまっているのが現実です。その結果として、自動車学校は、現在安全運転を伝えていくという本質的な価値ではなく、料金・利便性といった部分で評価されているのです。

実は、自動車学校によって初心運転者の事故率は大きく異なっています。もちろん、その事故率の差の理由には、立地条件による格差や、そもそもの件数が少ないために参考値になり得ない要素はありますが、数年規模で統計をとったとしても異なっていることは事実です。

残念ながらこの事実を知っている一般ユーザーは少なく、その数値で自動車学校が選ばれることが少ないのが現状です。だとすれば、自動車学校には、初心運転者の事故を減らすことで得られる金銭的なメリットはないということになり、生き残りを迫られるこれからの時代において、そこに経営資源を投下しても無駄という結論に至ってしまいます。

例えば学習塾であれば、講師や授業の質によって料金に差があります。それは学習塾の存在意義が、より良い学習効果を得る場所であり、結果として希望大学に入りやすくなったり、学校のテストの点数が上がったりといった目に見える成果があるからです。

結果が明確に見える仕組みがあり、その成果が一般に認知されており、それが競争優位性を生み出す仕組みとして存在することが、学習塾がビジネスモデルとして成立する最大の要因です。それが学習効果を高めるためのカリキュラムの向上や講師の質の向上といった経営リソースの投下につながっていると考えます。

現在の自動車学校業界は、真面目に取り組んできた自動車学校が、資本力にたけた大手の自動車学校によって統合やM&Aが行われているという状況です。もちろん資本主義社会ですし、統廃合自体は業界がより良くなるためには必要な施策で肯定的に見ています。

それでも、自動車学校が顧客から「免許を取る場所」として認知され、そこに事故を起こさない、安全な運転を学ぶ場所としては期待されていない現状があるとすれば、自動車学校の差別化の要素は料金・スケジュールという目に見える即物的な要素のみとなってしまい、業界全体が望み、自負してきた安全運転を学ぶ要素はどんどん排除されていくのではないかと危惧しています。

それは、自動車学校が社会に提供する価値が安全運転の教育の提供や地域の交通を守るといったことではなく、単なる「免許の提供」になってしまうということです。その認識が加速しており、その流れに対してなんの施策も打てていないということに危機感を抱いています。

業界内でこれまでこういった価値を提供してきたという話はよく聞きますし、それは事実だと思います。しかし何より一般ユーザーからはそう思われていない、つまり業界側が思っている価値とは大きな差があることが重要な課題だと思っています。

自分たちの本質が、交通安全社会の提供となるのであれば、初心運転者の事故率やその後のアフターフォローによって教習所が選ばれるようになるはずですし、そうなれば、教習所は、そこに経営資源を投下していくという良い循環が生まれます。

ただ、現状は残念ながらそうなっておらず、自動車学校を「質」で選ぼうにも質の定義が曖昧である以上、難しいことが事実です。

また、自動車学校が交通安全社会の提供を存在価値とすることで、これから起こるであろう自動運転化社会との共存の道も見えてきますし、時代に合わせた教育カリキュラムや補足カリキュラムの提供なども行われていくと思っています。

何より、運転をすることは誰かを傷つけたり、自分が傷ついたりという大きな責任を伴うことです。より良い安全運転教育を提供しているという「質」によって自動車学校が選ばれるようになれば、競争の定義が変わります。それによって自動車学校の社会的な存在意義が、自分たちが目指しているものに近づいていくという良い循環が生まれると考えています。

しかし、現実はその理想とはあまりにかけ離れています。人々が自動車学校に抱くイメージはまったく変化することはなく、社会的な意義を意識することもありません。さらに交通機関が発達したことで車なしでどこでも自由に移動可能となり、またブランド品やITデバイスなど富の象徴が数多く現れるに従い、そもそも自動車を所有することの価値が相対的に下がってしまいました。

さらに自動運転が本格的に普及すれば、マイカーを持つことや、それに伴って免許を取得することは趣味の世界になってしまうかもしれません。それどころか、自動車学校という業界自体がなくなる可能性もゼロではありません。どうすればそのような最悪のシナリオを回避できるのか。２０１２年に家業である自動車学校に入社した私は、その方策を必死に考え続けたのです。

第2章

先代たちの理念を確実に継承して経営改革を行う

三代目にしかできない「理念と革新の経営」とは

まずは自社の業界における立ち位置を理解する

業種を問わず、自社が繁栄するためには、自社が市場でどの立ち位置にいるのか、冷静に状況分析することが大前提だと思います。アメリカの著名な経済学者フィリップ・コトラー氏が、市場における立ち位置、すなわちマーケットシェアの観点から企業を4つに類型化し、競争地位に応じた戦略目標を提示しています。

それによるとまず、最大のマーケットシェアを持ち、業界を牽引する主導的立場にある企業が「マーケット・リーダー」です。自社のシェアを維持、増大させるだけでなく、市場全体を拡大させることが戦略目標となります。

続いて、業界で二、三番手に位置づける大企業で、リーダーに挑戦しトップを狙う企業が「マーケット・チャレンジャー」です。一般にシェアが高まると、比例して収益性も高まります。そのため、マーケット・チャレンジャーは競合他社の弱点を突くなどしてシェアを高めることを戦略目標とします。

業界で二、三番手に位置づく大企業ですが、業界トップになることを狙わずに競合他社の戦略を模倣する企業が「マーケット・フォロワー」です。とにかく製品開発コストを抑え、高収益体質になることを戦略目標とします。

そしてシェアは高くありませんが、隙間市場（ニッチ市場）で独自の地位を獲得しようとする企業が「マーケット・ニッチャー」です。商品やサービスの価格帯や販売チャネルを絞って、専門化することで収益を高めることを戦略目標とします。

これを自動車学校に当てはめてみます。そもそも、自動車学校業界には全国津々浦々までチェーン展開しているような圧倒的な大手企業はいません。地域ごとに何社かの自動車学校が群雄割拠し、基本的には地域に在住・在勤する人たちの中から生徒を募集するのが普通です。合宿以外では、他県から越境しての入校もありません。これらを念頭におき、私の会社の立ち位置を考えてみます。

私が運営する自動車学校がある徳島県は非常に競争が激しく、69万人の人口に対して15の教習所が存在しています。さらに徳島市内だけでも４校の教習所があり、ほとんどが同等の規模で市場シェアを争っている状況です。そうしたなか、私の会社は創業以来、市内の普通免許の自動車学校の入校者数においては常に2位か3位の位置に甘んじてきました。コトラー氏の分類によればマーケット・チャレンジャーということになります。二代目の母が策定した「母校」という理念そのものは評判が良いのですが、その評判が売上につながっていなかったのです。

このように自社の立ち位置を把握することで、初めてこのような課題が浮き彫りになりました。続いて、その課題の原因を考えてみます。私の会社は、理念は素晴らしいのに売上が上がらない。それはなぜか。次の3つがその理由だと考えました。

1　理念と実際の施策が異なっていた

2　理念がすべての社員に浸透していなかった

3　その理念がどのような未来につながっていくのかを提示できていなかった

私が入社した当時、朝礼で経営理念を全員で唱和したり、会議で理念について話し合ったりはしていました。母校・日本一の心温かい自動車学校になるという目標を掲げ、その意味や意図はなんとなく伝わっていたと思います。ただ、経営理念を浸透させるのに必要なことは「徹底」と「問いかけ」です。自社の行っていることを振り返り、すべてにおいてそれは「自社らしさはあるか？」と問いかけることが真の意味での理念の浸透につながると考えます。私はそれを徹底して行うことが、経営者が本気で理念を実現させていくことだと考え、営業施策や接客方法、顧客との関わり方などすべてにおいて「自社らしさはあるか？」「お客さまに帰ってきてもらえる自動車学校になっているか？」という問いかけを社員に行いました。

問いかけといっても、理念を話して聞かせることではありません。それは、毎日の朝礼で十分にやっていました。私がやったのは、態度や行動で示すということです。

経営者が社員に対して示すべき行動は一つだと私は思います。それは「決断」です。古い体質の会社にとっては、何かをやめるという決断は難しくなりますが、新たなものを作るよりもこれまでの慣習や惰性で動いてしまっているものを廃止したほうがよいときもあります。もちろん、今まで従事してきた人からすれば反感を買いやすいこともあり、やめるには相応の理由が必要となり、納得をしてもらう必要がある分、難易度が高いと感じています。しかし、社長はその決断によってしか、本当の意味での経営者の意思や理想を社員に伝えられないと私は考えています。

社員に示す行動としてまず行ったのは、入校生を獲得するために指導員自らが行っていた戸別訪問営業の廃止です。こちらから入校してほしいとお願いすると、自然と顧客との間に主従関係が生まれてしまいます。その先に待っているのは「安くしてくれるなら」という値引き交渉です。そうしたアウトバウンド型の営業ではなく、顧客自らが私の自動車学校に入りたいと思って来てくれるインバウンド型の営業に切り替えることが、母校という理念にふさわしい姿だと考えたのです。長らく習慣化していた訪問営業を廃止したことで、一時的には社内の反発がありましたが、結果的には理念の浸透と、その理念がどのような未来につながっていくのかの提示につながったと私は確信しています。

このように、まずは自社の業界における立ち位置を理解することから、課題と原因、対策が見えてきます。足元を見つめることは、会社の業績がうまくいっていないときほどつらいことだと思いますが、出発地点を見極めない限り向かうべき方向も定められません。

「初代が創り、二代目で傾き、三代目が潰す」を覆すために

「初代が創り、二代目で傾き、三代目が潰す」というのは、本当によく聞く言葉です。特に私は三代目なので、まるで自分のことを指しているようで、楽しい気分にはなりません。三代目が会社を潰してしまう理由としては、三代目は創業者の苦労を知らないからとか、歴代の社長が積み上げてきた実績にあぐらをかいてしまうからとかいうことが挙げられますが、仮に三代目が会社を潰す事例が多いとしても、そればかりが理由ではないと思います。

三代目は、初代、二代で培ってきた伝統や習慣、理念が会社に根付いている状態で会社を継ぎます。特に代々の経営者が磨き上げてきた理念は、会社の屋台骨となる大

事な財産です。これをしっかりと受け継ぎ、自分なりにアップデートさせたものを社内に浸透させることが三代目のまずやるべきことだと思うのですが、さまざまな理由でそれがかなわないことがあります。その結果、会社が機能不全に陥り、三代目が会社を潰すという結果につながってしまうのです。これは何も三代目に限らず、二代目にも、四代目にも起こり得ることです。大事なのは、受け継いだ理念を、どう自分の代で社内に浸透させるかだと思います。

　私の会社においても、理念は優れているのに売上につながらなかった理由のその２である「理念がすべての社員に浸透していなかった」ことの根本原因が、ここにあると考えました。理念をすべての社員に浸透させる。これはとても難しく、経営者にとっては永遠の課題といってもいいかもしれません。現在でもその悩みはあります。ただ、特に入社した当初はその傾向が顕著でした。会社の理念に共感し、当時の社長である母の考えに従う社員がいる一方で、それを疎ましく思い裏で愚痴や不満をこぼす社員は少なからずいたからです。しかしそうした人たちを見て実感したことは、理念に共感していないわけではなく、実践できない理由があるのだということです。その多くは人間関係でした。先輩から言われたから、上司にもっと気に入られたいから、怒られたくないから……日々多くの時をともにする同僚との人間関係を円滑にしていくために、もしくは尊敬する人に好かれたいために、模範とされている理念の実践が大事だと分かっているのにできない、そのような状況が理念の浸透を妨げているように感じました。

よく語られるマネジメント理論に「２６２の法則」があります。どのような組織にも、意欲の高い人材が２割、平均的な人材が６割、意欲の低い人材が２割いて、構成するメンバーが入れ替わっても、自然とこの比率が保たれるという考え方です。これが正しいかどうかは、私は経済学者ではないので分かりませんが、確かにうなずける部分があります。経営者の考え方に全面的に共感して意欲的に動いてくれる人が２割いると、その反発心から意欲が極端に下がってしまう人が２割くらいいる。その２割の人材が６割の人材の意識に影響を与えていると感じました。

そうした２割の人は、私の会社が憎くてそのような態度を取っていたわけではありません。むしろ安定経営のために、一生懸命考えてくれていたからこその言動だったと思います。しかし、何度もいうとおり理念は企業にとって非常に大切なもので、人間にとっては血液のようなものです。異なる血液型の血が混じり合わないのと同じように、社員は同じ理念のもと、同じ方向に進まなければなりません。しかし異なった方向性を力ずくで修正しようとすれば衝突や摩擦が起きます。

そこで私は、率先行動によって、母校の理念が正しいということに気づいてもらおうと思いました。例えば、フロントのバックオフィスの作業に時間が取られて顧客対応をする時間がないのであれば、ＤＸ化して作業を省力化すればいいのですが、社員は当時の上層部が怖くて積極的に導入しようとはしていませんでした。そこで私は送迎バスの予約手続きを自動化するシステムを導入し、顧客対応の時間を捻出することに成功しました。そうした成功体験を繰り返すことにより、現場に少しずつ「やれば成果が出る」「やってもいいんだ」という空気を醸成させていったのです。

大事なのは、働く人たちへの敬意だと私は思います。私が「あれをしたら顧客のためになる」「これをやめたらより自社らしさが増す」といくら考えても、実践するのは社員たちです。経営者は、自分一人では何もできません。そこを、履き違えてはいけないと思うのです。自分でできないことをやってもらうのですから、本気で感謝する必要があると思うのです。

つまり、理念による会社経営は人と人との人間関係、信頼関係がベースになると思います。人と人である以上、社長と社員は平等の関係です。当然、自分ができないことをやってもらうときはお願いする、自分が間違ったことをやったときは素直に謝る。そのようにして、本来の人間関係を構築していくことが大事だと思います。

特に後継者は、それを徹底的に行うほうがよいと私は感じます。なぜなら、社員は非常に多様性に富んでいるからです。初代の考えに心酔している社員もいれば、二代目の考えが正しいと思っている社員、いずれでもない社員、いろいろいます。私は、それぞれが会社を良くしたいと思っているのであればそれでよいと思っています。同じ山の頂上を目指すのに、登山ルートがいくつもあるようなものです。そうした状態で、三代目が無理に自分の思う方向に会社をコントロールしようと我欲を出すと絶対に失敗すると思います。ただし、理念は重要です。共通の理念さえしっかり社内に浸透できていれば、社長の存在感はゼロであっても会社は回ると思います。まずは、理念をしっかりと受け継ぎ、社内に浸透させること。それが、三代目が潰さない秘訣《ひけつ》だと思います。

社長とは呼んでほしくない

私は社長と呼ばれることが好きではありません。実際社内では嗣朗さんとファーストネームで呼んでもらっています。肩書で呼んでほしくないのです。これは私に限らず、すべての社員の人に対しても言っていることです。

例えば部長や課長と呼んでしまうと、その瞬間、役職の概念が強くなると思うのです。部長だから偉くて当たり前だ、課長だから導いてもらって当たり前だ、といった具合です。呼ばれた側も、部長だからすべてやらなければいけない、こなせなきゃいけないという役職のイメージに、行動が縛られてしまうと思うのです。

しかし、そうではなく、その人の個性や強みを活かして仕事をしてほしい。例えば私も、社長だからすべてやる、社長だからなんでもできるというふうには思ってほしくありません。私だからできること。具体的には、会社の理念やビジョン、作りたい社会の姿を描き、そこに対しての戦略や戦術を練っていくことや、これまで培ってきた販促やマーケティングの領域に関しては誰よりも強くありたいし、その部分で会社に寄与したいと考えています。それ以外については、例えば現場の仕事一つ取っても自分よりすごい人はたくさんいるし、経営者に求められるガバナンスの部分については常務がすごく強い。そういう一人ひとりの個性や強みが輝かせられる会社にしたいし、そういうものがあって初めて自分がこの会社にいる、いていい、自分の居場所だと実感できると思っています。

だから、自分がまず、社長という偶像的なものとして存在する前に、祖川嗣朗という人間でありたいし、そのうえでできることは誰よりもやります。しかし自分は万能ではなく、むしろ劣っている部分が多いということを自覚していますし、できる人を尊敬できるのがむしろ自分の強みだと思っています。例えばフロントで日々接客をして明るい雰囲気にしてくれている社員や、教習という毎日のルーティン業務をこなしながら生徒と関わることを忘れない教習員、裏方として教習のスケジュールを組んでくれている事務方のスタッフなど、そういう人たちを本当にすごいと思っています。

つまり、自分も同じような人間だというメッセージであり、社員自身にもまず人としてあってほしいという強い思いでもあります。社員自身が幸せに働いていこうと思ったら、自分の強みを活かせたほうが絶対にいいからです。この、役職の前にまず人があるべきという考えは、私にとって大切なものであり信念なのです。

斜陽産業であっても
サービスの本質は変わらない

自動車学校は斜陽産業だといわれています。その理由は単純で、少子高齢化などにより業界が提供しているサービスが、社会から求められなくなっているからです。サービスの社会的価値が下がれば、当然そこに流れ込むお金は減ります。そして市場は縮小していく。これは至極当たり前のことです。

これまでの自動車学校のサービスの社会的価値は、免許を取得させるということに尽きます。いかに効率的に、大量の免許を取得させるか。それはモータリゼーションの到来という、自動車学校が勃興した頃の世の中のニーズと合致していたわけです。ですから、自動車学校の提供するサービスはそれでよかったのです。しかし、モータリゼーション自体は飽和状態であり、少子高齢化も進んでいる。そうなれば、今までの自動車学校なら機能していた免許を取得させるというサービスを、本質的なものに昇華させていく必要があると思います。

ところが、業界も顧客も、いまだに自動車学校は免許を取るためだけの場所という認識のままです。それを求めているというよりも、それ以上の価値が自動車学校にあるということを認識するすべがないのです。だから、顧客は自動車学校を価格、スケジュール、利便性でしか選べないし、自動車学校側もそこでしか大きく差別化できないのです。

自動車学校のサービスの本質的な価値というのは、交通安全に寄与する教育を提供することだと思っています。具体的に事故率を減らしていくというサービス活動です。しかし、今の自動車学校がそのように思われていない、そうしたサービスをしようとしない理由は、初心運転者事故率が大きく公表されていない、それが認知されていないという状況にあるからです。

私は、この初心運転者事故率によって自動車学校が選ばれるという時代を作りたいと思っています。もしそれが実現されれば――いえ、それが実現されることによって、初めて自動車学校は本当の意味で事故を減らしていくために自社の資本を投下できるようになるはずです。今はそれをやっても顧客に選ばれないので、多くの自動車学校が本腰を入れて初心運転者事故率を下げる取り組みを行っていませんが、これこそが自動車学校のサービスを本質にまで昇華させ、業界全体が低迷から抜け出す一手になると期待しています。

実際、私の自動車学校では、2月、3月のいちばん忙しい時期に、生徒に帰ってきてもらうようなさまざまな活動やイベントを、費用をかけて行っています。普段の教習でも、卒業という時間帯に卒業式を実施しています。これは職員一人ひとりが生徒の前で、事故をなくしてほしい、安全に運転してほしいという思いを、情緒的な映像とともに伝えるというものです。当然人件費や映像制作費などのリソースがかかりますが、こうした心の教育や情緒的な角度から交通事故防止を伝える活動は、自社の本質的な利益につながると信じて行っているのです。その結果、全国平均よりも大幅に少ない0・2%前後の初心運転者事故率を維持し続けています。

A自動車学校は安いけれど事故率が高い、B自動車学校は料金に関しては少し上だけどその分しっかりとしたサービスを提供していて、その結果事故率が低い――こういうところまで可視化されることで、ようやく顧客は事故率の低さに価値を感じてくれるはずです。また、自動車学校の存在意義として、免許を取るだけでなく、運転をする人やその周りにいる人たちが、そこで学んだ安全運転によって傷ついたり最悪死亡したりという不幸から逃れられるという部分にまでたどり着けると思うのです。

命を守ることは、移動手段が馬車であった時代から続く人間の本質的な欲求だと思います。事故が起こって誰かが亡くなり、周りの人たちが悲しい思いをしてきたからこそ、そんな思いを二度としないように安全運転を教える場所を作ろうという願いが、本来の自動車学校の本質なはずです。しかし、今のすべての自動車学校は資本主義経済のなかで企業として存在しているため、その本質的な教習をしながらも利益を上げ続けていかないといけません。現状では、そうした本質的な教習を行っている自動車学校ほど収益が上がらず、M&Aによって統合されるという厳しい現実がありま す。だから、より利便性や効率性を追求した自動車学校が増えている。こうした業界の現状に対するアンチテーゼとして、自社の取り組みを強く唱えたいのです。

おそらく、すべての自動車学校が自社の提供しているサービスの結果、交通事故が減少することを願っていると思いますし、教育業としての成長を望んできたと思います。ただ、完全民間運営のなかで競争が存在し、他校との差別化を求められていくうちにその本質が現状、料金と効率性になってしまっていることは否めません。

そしてこれからさらに少子高齢化が進み、より生き残りが求められるような時代になっていったときに競争はますます激化し、その結果、自動車学校がこれまで社会に提供してきた教育的要素はより淘汰《とうた》されていくのではと危惧しています。

人口が2割減少し、価格が2割減少すれば、市場規模は単純に30％以上減少します。その価格を実現し維持するためには効率化し、人件費を削減するしかありません。そのような未来が差し迫っていることに、大きな危機感を抱いています。

三代目こそ経営資源をアップデートさせていくことが大切

三代目は先代たちが築いてきた経営基盤の上にいます。それが安定した基盤であればあるほど、安心して前に進むことができます。この安心感はベンチャー企業にはないもので、こうした資源をすでに有している恩恵を、後継者はまず認識すべきだと思います。

経営理念についても、本来長い時間をかけ、取引先や地域社会などさまざまなステークホルダーに認められて初めて根付くものだと思いますが、その点でも三代目は非常に優位な立場にあると思います。何より強いのは、長期的な視点で物事を考えられるということです。しっかりとした経営基盤と経営理念があるからこそ、時代の変化という短期的なサイクルを踏まえたうえで、それに振り回されることなく、本質的な経営戦略を立てられるというのは、本当に強みだと思います。

だからこそ、三代目は先代たちが残してくれた経営資源とは何かということをずっと考え続ける必要があるし、自分なりに深く解釈する必要があるし、先代と話し合っていくべきだと思うのです。そのうえで、時代の流れを見据えて、未来に通じるようにアップデートしていく。これが、三代目には大切なことだと考えています。

私が行ったのは、自社の社会的存在価値の象徴でもある、「母校」という理念の強化です。強化というのはより深く浸透させることです。何よりも心のつながりを大切にし、卒業後も顔を出してもらえる母校でありたいと思っています。また、教習した生徒には安全に自動車を運転してほしい、事故に遭わないでほしい、とすべての社員が願っています。そのうえでどうすれば初心運転者事故率を減らせるかという課題に取り組んでくれています。それも、理念からそのようにしているのではなく、本当に顧客の命を守りたいと思っているところがポイントです。もし、新しいことだからやってみようとか、利益が上がるからというだけで取り組んでも、深層部分には浸透はしないと思います。そういう価値観を大事にしたいですし、だからこそ実際に事故率が減っている。それは実績になりますし、実績が上がればもっとやっていこうという共感につながる。その繰り返しが非常に大事だと思います。

つまり、理念を本質的かつ未来につながるサービスに昇華させる作業と、深掘りして浸透させる作業を同時に行うことが三代目には求められており、それが経営資源をアップデートすることにつながるのだと考えています。

斜陽産業の未来像とビジネス展開の可能性を考える

現在の市場状況をリサーチし、競合他社と比較しながら、自社の強みや弱みを正確に把握する。やるべきことは分かっているのですが、なかなか思ったような答えを見つけることができません。そうしたとき、私は足元を見つめるようにしています。自動車学校とはなんなのか、そこにどのような可能性があるのかを、自分なりに改めて考えてみるのです。

自動車学校は固定費ビジネスといわれています。固定費とは、売上高など操業度の変動にかかわらず一定額発生する費用のことで、機械のリース料、設備の減価償却費、従業員の給料などがそれに当たります。自動車学校は、教習コース、教習車、指導員にかかる費用が常に固定されているので、典型的な固定費ビジネスです。それは、生徒数が多くても少なくても一定以上のコストがかかるということを表しています。例えば流通業界なら中間コストを大胆にカットしてキャッシュフローを改善するという手もありますが、自動車学校の場合は教習コース、教習車、指導員、どれ一つとっても欠かすことができません。無理なコスト削減は提供する教育サービスの品質に関わります。したがって、まずやることは、自社の入校生数を上げて固定費の圧迫を和らげることです。それは考え方によっては非常にシンプルなビジネスモデルだともいえます。つまり、より多くの生徒に来てもらえばいい。

そして、自社がどう変わっていくかという以前に、社会状況に大きく左右されるという特徴も自動車学校にはあります。これは、３Ｃ分析でいうところのCustomer（市場・顧客）の部分です。実際、世の中のモータリゼーションのニーズは変わっていますし、少子高齢化という社会問題も新たに発生しており、これは創業当時にはなかった課題です。

そうした課題は自社がどうであろうと、世の中の流れによって常に出てくるものです。私たち自動車学校の人間は、そうした課題に対して常に対応し、顧客の求めるものを提供し続けなければならないという宿命を背負っています。その対応が追いついていないからこそ、自動車学校は斜陽産業といわれているのです。

残念ながら、自動車学校はかつての良い時期と比べると明らかに下り坂です。だからこそ、どこかで新しい転換点を作らなければなりません。これは、すべての自動車学校の経営者にとっての課題です。一社だけ取り組んでも意味がないからです。

その転換点を生み出すものはなんなのか。答えは経営者ごとに違ってよいと思います。むしろ違ったほうが、多様性が生まれると思います。大事なのは、呉越同舟で斜陽産業の未来像とビジネス展開の可能性を考えることです。皆で団結し、それぞれが意見を出し合うことでしか、未来は拓けないと思います。

安易な「べき論」はまず疑う

私が心がけているのは、安易な「べき論」はまず疑うということです。世の中には、

～すべきだと主張する人がたくさんいます。会社経営とはこうあるべきだ、三代目社長とはこうあるべきだ。私はそこに、自分の考えを他人に押し付けようという傲慢さを感じざるを得ません。こうした、べき論の応酬は、お互いの正論をぶつけ合っているだけで、建設的な意見は生まれないと思います。

また、一人で思考するときも、べき論が頭をもたげることがよくあります。自動車学校のビジネスモデルはこうあるべきだという凝り固まった考えが、新しい発想を邪魔する原因になります。経験上、自分の頭の中にべき論が渦巻くときは、考えが整理できていないことが多いです。ほかに良いアイデアが浮かばないので、一見正当な意見でその場をやり過ごそうとしてしまうのです。

ですので、もし社内の意見や自分の頭の中にべき論が出てきたら、私はまず疑うようにしているのです。本当にその意見しかないのか、その考えしかないのかを自問自答します。べき論はまさに凝り固まった常識的意見といえます。ですので、私は、あらゆる可能性を捨てずに、どんなささいなアイデアでも大事にして、考えを膨らませたいと考えています。

また、そうしたべき論は強力なリーダーシップを持ったカリスマ経営者のイメージとともに描かれることが多くあります。正論にはまっすぐ突き進む力強さがあるからです。まっすぐさや力強さには理屈がいらないので、すがりたくなります。私も事業承継したばかりのときは、このべき論に傾きそうになりました。社長とはこうあるべきではないか、強いリーダーシップで社員を引っ張っていくべきではないか。経営に関する本にはこうした、強いべき論がたくさん書いてありました。

しかし、そうした本を読めば読むほど、これは私の会社には向いていないのではないか。そのまま鵜《う》呑《の》みにしてはまずいのではないかという思いが強くなりました。そうしたべき論は過去の成功例を基にしている場合が多くあります。また、業界や職種全体を示して、一般論的にこうあるべきだと概要的に語っているにすぎないものもあります。ですが、大事なのは自社ではどうあるべきかということです。自社を軸に考えないと、すべて借り物の理念になってしまいます。

経営者の責任とは何かというと、それは決定をすることだと思います。自社は今こうだ、未来はこうしていく。一つひとつの決定に責任があるのです。それなのに、しっかり吟味しないで一般的に語られているべき論を鵜呑みにするのは悪だと思います。

べき論を疑うということは、世の中や自社のありようを俯瞰《ふかん》的に見ることなのだと思います。それは、経営者にとって必要な資質の一つではないかと私は考えます。代々培ってきた経営基盤をベースに、足りないところがあれば冷静に周りを見て、できる人に素直に頼る。

社内の人材も、この人はこうあるべきだというべき論は不要です。特に中小企業はリソースが限られています。その貴重なリソースを存分に活かすには、べき論に縛られている暇はありません。自由な発想でアイデアを考え、常識にとらわれない人材配置を行う。それは今も私を根底から支える思考方法です。だからこそ指針としてこうあるべきではなく、ビジョンと理念が大切になるのです。

30年先のビジョンをもつ

どれくらい先までビジョンをもつかというのは、経営者それぞれだと思いますが、私は30年先のことを考えて行動することを常に心がけています。最近では、40年先、50年先と公言しています。この数字は、そのときに日本や世界がどうなっているか、ということを示すものではありません。今、私の会社で最も若い社員が、定年まで働ける年数のことを指しています。

社員が安心して働ける場を作るということは、ここまで具体的に考えて実践しなければ無責任だと個人的には考えています。もし、私が経営者としてキャリアの終盤にさしかかっており、あと数年しか舵取りをできないのであれば、そこまで考える必要はないのかもしれません。しかし、私はまだ若輩者であり、それこそ30年以上、会社経営をしなければならない責務があるからです。だからこそ、そのためには具体的にどうすべきか、明確なビジョンをもつことが必要だと考えているのです。それまでは少なくとも会社の舵取りをしなければなりません。それは、社員の人生を背負う経営者として最低限の義務です。

そもそも会社を経営する目的は、その会社を存続させることではありません。会社を続かせることだけが目的なら、究極的には社会的に反することをしてでも利益を上げればよいということになってしまいます。そうではなく、そこで働いている人が幸せになることが経営する最大の目的です。そのためにどうすればいいのか。当然、会社がすぐなくなってしまっては社員が困るので、長く存続させる方法を考えなければなりません。同じ30年先のことを考えるのでも、目的が違うのです。

その点、同族経営の二代目、三代目は、長期的ビジョンをもつうえで恵まれていると思います。創業したてのベンチャー企業の社長は毎日の運転資金を確保するのに精いっぱいで、将来を見据えてじっくり企業戦略を練るのは難しいだろうからです。だからこそ、5年ではなく、10年でもなく、最低でも30年先のビジョンをもって経営にあたりたいと考えています。

10年先を考えるのと、30年先を考えるのとでは、自ずとやるべきことが変わると思います。10年先を考えるだけでいいのなら、よそからライバルが入ってこないように規制を強化すれば済みます。しかし30年先を考えるなら、そういうやり方では業界全体の風通しが悪くなり、むしろ共倒れになる心配があります。それより前例にとらわれない新たな取り組みを行い、新しい血を入れて新陳代謝を促すほうが、得策だという考え方ができます。それには痛みも伴うでしょうが、30年先の社員の幸せを考えれば避けては通れない道だといえます。私はそうした覚悟をもって、30年先のビジョンを見続けていきたいと考えています。

道徳的な経営理念より
共感できる理念を掲げる

一般的に経営理念といえば、組織が目指すべき普遍的な指針、考え方となる価値観のことをいいます。企業によってはクレド（信条）やフィロソフィー（哲学）と呼ぶこともあり、自社が社会的にどのような存在であるべきかといった、抽象的で道徳的な意味合いが含まれることが普通です。しかし私が考える経営理念とは、自社の哲学や行動指針を頭の先からつま先まで一貫して社員に共感してもらうための補助的ツールのことです。

道徳的な理念は、例えば今日も一日元気で頑張りましょうといった、100人いたら100人とも同意できるような当たり前のことを示す言葉です。しかし、それをわざわざ理念として掲げる必要はありません。そこに共感したからといって自社らしさは出ないからです。むしろ、青がいいか赤がいいかという選択肢に近いと思います。もし自社のカラーが青ならば皆が青を選ぶように、同じベクトルに向かわせるのが本当の経営理念の役割です。

それは、会社の在り方として首尾一貫していなければならないもので、三代目になったからといって急に変えることはできません。だから、会社を継ぐということは経営理念ごと受け継ぐことと同意なのです。

そして、最終的には売上や利益につながるものでなければならないと考えます。いかにも自社らしく、かつそれを実践することで物や商品が売れる。また、従業員のモチベーションが上がり生産効率も上がる、それが理想の経営理念だと思います。

経営理念とミッション、ビジョン、バリューの関係性を図にしてみると、それが裏付けられます。下からバリュー、ビジョン、ミッションの順番でピラミッドのように積み重なっており、その頂点に経営理念があります。最下部のバリューは社員それぞれに取り組んでほしい具体的な行動指針、真ん中のビジョンは、ミッションを実現するための共通のイメージ、そして最上部にあるミッションは企業が果たすべき使命や目的とされています。つまり、より具体的な下位概念が抽象的な上位概念を支えるという基本構造となっているのです。

だからこそ、単なる道徳的な理念を形だけ掲げるのではなく、社員が心から共感できる理念を掲げることが大切だと思います。それは簡単なことではありません。自分の理解が足りないのなら、先代としっかり話し合って、血を通わせる必要があります。それは、会社そのものともいえます。それくらい私にとって経営理念とは大切なものなのです。理念は受け継ぐべきですが、変化・進化させていく必要もあります。

第3章

何十年も変化のない既存事業を再構築する――

事業の強みだけを残し、時代の流れに合わせてアップデート

自社が永続していくために、変化と挑戦を絶えず続けていく

自社が永続していくためには、変化と挑戦を絶えず続けていくことが大事だというのが、これまでの経験から私が得た教訓です。それができない企業は終わってしまうという危機感をもって、今も毎日奮闘しています。

ではどんな変化、どんな挑戦を続けていくのがよいのか。それを見極めるためには、自社がまずどういう業界において、どう成り立っているのかを知ることが重要だと考えます。そのうえで、自社の未来を真剣に考えていく。これしかないと私は思います。

今後も市場が縮小していくなかで自社が存続していくためには、新たな価値を持ち、その価値を競争優位性としていくことで、現在のマーケットで勝ち続けていくことだと考えます。ちなみにこの考えは、ランチェスター戦略という理論を参考にしています。

ランチェスター戦略とは、組織の販売能力を１人あたりの販売能力×人数に分け、人数が同じ場合には１人あたりの能力が高いほうが勝ち（第１の法則）、１人あたりの能力が変わらなければ、人数が多いほうが勝つ（第２の法則）というものです。もともとは、イギリス航空工学のエンジニアであったＦ・Ｗ・ランチェスター氏が発見した法則です。この法則がのちに軍事戦略モデルとして改良され、戦後になって日本人コンサルタントの田岡信夫氏が販売戦略として確立しました。簡単に説明すると、一般的にシェア１位の企業は規模が大きく人数も多いので、普通の市場で普通に闘ったら弱者は負けてしまいます。そのため、弱者は数ではなく販売能力の競争に持ち込もうというのが、ランチェスター戦略の弱者側の理論です。

斜陽産業である自動車学校、その中でも、私が入社した当時徳島市の２～３位に常に位置していた私の会社は、当然弱者の戦略をとる必要がありました。つまり、ほかの自動車学校にはない新たな価値を作って、それを新しい収益の柱としていく。そのうえで間接業務における無駄を削減し、利益率を向上させていく。それらは理屈で考えれば至極当然です。

ただ、これらを実現していくために何が必要か？どのようなアクションを起こしていくべきか？と考えたとき、「変化と挑戦」という答えにたどり着きました。具体的には自社が永続していくために必要なことを整理し、マイルストーン化する。あとは決めた中間目標に向かって実行するのみです。

しかし、いざとなると社内では必ず反対意見が起こります。それも当然のことで、社員にとっては今まで自分たちが大切にしてきたこと、成功してきたことが否定されるような感覚を覚えるでしょうし、毎日の業務に新しいことを入れていくとなれば、それを覚えて習熟していく努力が必要となります。つまり、短期的に考えると、社員にとって新しいことを行うメリットは少ないのです。

さらに、それが年長者となると余計に大変になります。その会社に長く勤めている人ほど、今まで自分のやり方・考え方が存在し、それが仕事、ひいては生きていくうえでのアイデンティティにもなっています。それが否定される、もしくは存在価値がなくなってしまうのではないかという恐怖に近い感情を覚えてしまうのです。

経営者としては、変化をしていくことは必要であると考えますが、その変化に対して社員が反対することもまた必然であり、会社への愛情や努力を積み重ねてきた人ほど否定的な感情を覚えることが多いと、自分の経験では感じます。

だからこそ、変化と挑戦を成し遂げることができた企業は、その成功体験を全社員で共有し、その必要性を実感できるので強いと思います。そして、そのような企業を目指したいと私は常々考えています。

ただ、現在の社会情勢を考えると、自分たちの業界自体が存続できなくなるという危機感は常に持っています。車の運転に免許が必要ないとなった場合には、自動車学校は存在意義をなくしてしまう、そのような可能性も考慮しないといけないと思っています。

したがって異業種とのM&Aによって業種を広げていくことも視野に入れています。それほど時代の流れが速く、また数年先の見通しが立たない時代だと認識しています。その意味でも、常に変化と挑戦をするというDNAを持ち、全員でそこに立ち向かっていける、変化と挑戦を楽しめる会社こそが強い会社だと思いますし、そのような会社にしていきたいと考えています。

ただし、変化も挑戦もやみくもにすればいいというものではありません。無計画な挑戦や拡大施策はかえって自社の寿命を縮めてしまいます。だからこそ、自社が何を目指し、どのようなことを行っていくのかといったビジョンが大切になってくるのです。

自社がどうなっていたいかをイメージし、言語化し、共有していくことが大切で、その未来をさまざまな角度から考えていくことこそが経営者にとって最大ともいえる仕事だと考えています。

良い未来も悪い未来も全社員と共有する

自社のなりたいイメージを言語化し共有できるようになっていくために必要なものとして私が考えるのは、圧倒的なビジョンと、それをリーダーがブレずに持ち続けることです。

そのうえで、私は自社の否定的な未来観測、すなわち会社のホラーストーリーを全員に伝えるようにしてきました。自動車教習所を取り巻く少子高齢化の不安、自動運転という新しい移動手段の登場による現在のモータリゼーションの大幅な変化……そのような悲観的な未来を全員に伝え、変化する必要性を訴え続けてきたのです。

なぜ、変化をする必要があるのか？と問われれば、自社が存続するためだと答えます。ではなぜ自社が存続し続ける必要性があるかというと、やはり支えてくれる社員の居場所として、この会社があり続けなければならないと考えるからです。

私は新卒1社目で、勤める会社の倒産を目の当たりにしました。時代の流れに乗り、飛ぶ鳥を落とす勢いで業績を上げ、2年目には雑居ビルから高層タワービルに移転し、社員旅行で海外に行く、そんなイケイケの会社が、ふとしたきっかけで核となる売上が作れなくなった瞬間に、そこから1年足らずで砂上の楼閣が崩壊するようにあっけなく倒産する様を、まざまざと見せつけられたのです。そして、そのときに犠牲になったのは、若手社員ではなく、ベテランと呼ばれる社員たちでした。

会社が倒産したとき、私は幸いにも新卒で3年目という立場だったので、すぐに再就職先が決まりました。また同期たちも次々に転職を決めていきました。ただ、自分の先輩、特に50歳を超えた社員たちは次の就職先がなかなか決まらず、職種を変更した人、通勤場所を都内から郊外に移した人、消息不明となった人、そのような恵まれない境遇に陥った人たちをたくさん見てきました。

ひるがえって現在、経営者となった私は、自社で先代からずっと働いてくれている社員を最後まで守りたいし、自分を支えてくれた社員たちとずっと一緒に働き続けたいと強く願っています。そのためには、居心地の良さや仕事のやりがいといった職場環境と、家族を守り、あるいは趣味に没頭するなど自分のプライベートを充実させていくための給与と福利厚生、両方の強化が必要となります。それらを得ていくことが自社の社員を守り、それが自社を永続させていく最大の意味になるのだとしたら、自社が絶えず変化をしていくことはマストです。だからこそ、変化において生ずる痛みを社員に理解してもらい、その変化を実践してもらう必要があるのです。

ホラーストーリー、それは会社にとって不都合な未来の物語です。経営者としてはできれば話したくないし、社員も聞きたくないはずです。それでも、将来訪れるかもしれない現実が見えているのに正直に話さないということは、むしろ責任放棄になると考えます。それらが本当の現実になったときに、社員たちは慌てて対応しなければならないからです。逆をいえば、そうしたホラーストーリーを理解していれば、いざというとき素早く対応できるといえます。将来の危機に対して今から全員で予防線を張ることができるのです。

もちろんそうした未来は不安である、来てほしくないという素直な感情も包み隠さず正直に共有することが肝心だと思います。その思いは信頼関係があればきっと伝わるはずです。まずは社員との信頼関係を築くこと。それが変化と挑戦を続けるには、必要なことだと私は考えます。

ただし、そのようなホラーストーリーは作り話であってはいけません。社員を不安にさせることが目的ではないからです。あくまでも現実的に起こり得る未来の物語であるということが大事です。現実に起こり得るからこそ、そのような悲観的な未来さえも受け止める必要があり、そのうえで生き延びていくには変化をしていかなければならないという覚悟を促すこと、それができればきっと会社は今より強くなると思います。

最後は経営理念にたどり着く

どうすれば正しくホラーストーリーを語ることができるのか。それを乗り越えた先の明るい永続的な未来を描けるのか。その答えは「朝も昼も夜も考え続けること」ではないかと思います。自社のことだけでなく、世の中の一般的なことに対してもアンテナを張り、時間の許す限り勉強する。ありがたいことに日常業務は社員がやってくれるので、経営者には時間があります。その時間を未来のために使うことが、会社のためになるのだと思います。

したがって私は、時間があると考えるようにしています。そして思いついたことを箇条書きにします。

例えば――

・自動車学校は本来安全に資する場所であるはずだが、今はそうなっていない。
・免許を取るためだけの場所になってしまっている。
・指導員に求められるのは安全運転を教える能力ではない。
・むしろ淡々と効率良く教える能力が必然的に求められる。
・そのひずみをどうすれば解消できるのか。

――といった具合です。

とはいえ毎回行き着くのは、これまで自社が積み重ねてきた母校という経営理念です。生徒がいつでも帰ってこられる場所、つながり続ける場所であり続けたい、その思いが、映像を活用した心温かい卒業式や、卒業後のアフターフォローに時間を割くことにつながり、初心運転者事故率０を目指すなかで全国的にも低い０・２％前後の事故率という社会的意義を生み出しています。これは立派な競争優位性だと思うのです。他社がやらないことを広げていくことは、自社を差別化するだけでなく、自動車学校全体の発展につながると信じています。だからこそ、映像などを使って日頃から社員に理念を浸透させ、普段の自分たちの行動が大切な生徒や関わった人の命を守っているということに気づいてもらうよう努めているのです。それが何よりも大事だと思います。

私は社員には、自分の仕事に誇りを持ってほしいと常に思っています。人に自動車の運転技術や交通ルールを教える仕事は、派手さもありませんし、一見単調な日々の繰り返しですが、そこにこそ意味や意義があるのだと考えてほしいです。もし安全運転の指導方針が毎日変わってしまったとしたら、むしろ教わるほうは不安に思うはずです。

とはいえ、人間はゴールが見えないとつらくなる生き物です。だからこそ経営者としては、社員に対して身近な未来のゴールを設定してあげることも大事だと思います。私の会社が考えるゴールとは、すなわち理念の実現です。日々の仕事が、交通安全や親子関係の改善など世の中を良くすることにつながっている実感を持ってもらうことが大事だと考えます。もちろん企業の社会的価値は常に変わります。むしろ会社が存続していこうとしたときには、社会から必要とされているということが大切で、逆にいえば社会から必要とされなくなったら次の時代はありません。そのための施策は全社一丸となって考えていかなければならないと思っています。自分たちが世の中に対してどのような価値を提供し続けていけるのか。時代の変化に応じて、自分たちもその価値自体をとらえ直し続ける必要があると思います。自動車学校のことだけでいくと、免許を取得するということだけで価値があったものが今は飽和状態になっている事実があります。そうなるとやはり新しい価値を提供していかなければなりません。その価値とは、交通安全という基本に立ち戻ること。新規の輸送方法やデバイスの登場によって、新たに誰かが傷ついたり命を落としたりすることを教育によって防いでいく。今まではなんとなく掲げていた理念の実現を実際に求められる、あるいは本当の自動車学校の価値が問われる時代になってきているともいえます。

そういう時代背景のなかでは、働く社員もそうした社会的価値をちゃんと意識して取り組まなければいけないと思います。その際は、従来のベクトル上にあることの延長ではなく、交通安全教育によって事故をなくすというゴールから逆算したバックキャスト的な思考方法が必要になるはず。そういう課題と向き合い続けていってほしいですし、経営者としても対話を通じて、社員を支え続けていきたいと考えています。

同族経営だからできることがある

改めて自社の経営形態について考えてみます。私が社長を務める自動車学校はいわゆる同族経営です。同族経営とは特定の親族がビジネスの運営を行い、その中心に創業者一族が立つ経営手法です。企業の大部分の株式を一族が保有し、事業に深く関与するのが特徴で、この形態はファミリービジネス、または家族経営とも称されます。

日本の上場企業の５割以上が同族経営だという調べもあります。

一般的に同族経営にはメリットが多いといわれています。例えば経営の安定化です。株主が多い大企業はどうしても株主の顔色をうかがうことになり、短期的な利益を追いがちです。しかし、同族経営は経営者そのものが株主であることがほとんどなので、長期的な事業成長を追求し、安定的かつ持続的な経営を展開していこうというベクトルが一般的には働きます。その結果、安易なリストラはしにくくなり、長期的な視点で経営を行うため、事業の持続性を保つために必要な現金を十分に確保できるというものです。

なぜ同族経営だと経営が安定するのか。経営の専門家がその理由として挙げるケースはおおむね次の３つのようです。１つ目は「経営者が株主である」ということ。同族経営とは、株主と経営者が同じというシンプルなビジネス形態であり、創業者が大株主となります。これにより、企業のビジョンや目指す方向性が一致し、経営者が利益の最大化に努め、その結果を株主として享受することができます。したがって理念と経営戦略がブレにくいというものです。さらに株式と経営は同族内で共有されるため、外資などいわゆるもの言う株主の意向に翻弄されることが少なく、自由な意思決定と行動が可能です。そして社員や取引先などとのステークホルダーに対しては、自分たちの仲間という意識がより強くなり、ステークホルダーの側もすぐには見放されないという安心感から、両者の絆は強くなる傾向があるというのです。

2つ目は「長期的な視点で経営できる」という点。非同族経営の上場企業は、一般的に短期的な視野で事業を展開し、株主に対して結果を出さなければならないプレッシャーに常にさらされます。それに対して同族経営は、自分自身が株主であることが多いので、短期的には利益にならない事業でも、将来的な収益源になると考えられれば積極的に参入することが可能だという考え方です。

3つ目が「サステナブルである」ということ。同族経営では、創業者一族が保有する株式が同族内で引き継がれます。これにより、企業の理念や事業の展望は次世代に引き継がれ、事業の持続可能性、つまりサステナビリティが高まるというものです。また、創業者が始めた事業がその代で完結せずとも次の世代へとつなぐことができます。父の代で着手できなかった事業を息子が引き継いで実現し、成功させたというエピソードは数多くあります。

そうした特徴から、実際、同族経営企業は非同族経営の企業に比べて存続率が高いというデータがあります。独立行政法人経済産業研究所の調査によれば、同族経営企業は非同族経営企業に比べて約5％存続確率が高く、さらに役員が10％以上の株式を所有している企業の存続確率は10～11％高いと報告しています。

そのような同族経営のメリット自体を私は否定しません。しかし、経営方針は会社によって異なります。同族経営の中小企業でも短期的視点でビジネスを行っている経営者もいれば、大手企業には資金調達がしやすいといった独自のメリットがあります。同族経営だから良い、大企業だから悪いという議論は、個人的にはあまり意味がないと考えています。

それよりも大事なのは、自分たちがその業界でどういう環境におかれているのかを正しく認識すること。それはすなわち、自社の強みを見つけだすということです。それがなければ、経営者が株主であっても、長期的な視点で経営できても、サステナブルであっても、その時代におけるビジネスは回っていかないと思います。それを踏まえたうえで、私たちが強みと考えているのが母校という経営理念です。それを強化することで、真の交通安全教育が求められる新しい時代の自動車学校業界で生き残ることができると考えました。

私は母校という理念を、母の代から引き継ぎました。それを同族経営のメリットだとする考え方もあるとは思いますが、そこにあぐらをかいてはいけないと思います。代々受け継いできた大切な経営基盤に感謝をしつつ、足元を見ながら、常に時代に合わせてアップデートしていく。そうした謙虚さと意欲が三代目経営者には必要なのではないかと思います。

理念浸透のためには現場の状況判断能力が必要

経営者の重要課題に「社員の見ている方向を一つにする」ことがあると思います。どんなに立派な理念があっても、社員それぞれが別の方向を向いた状態では絶対に企業は発展しないからです。一人ひとりが理念を理解し、１２０％の力を発揮することで、会社の総合力が上がる。これが理想です。

残念ながら、理想どおりにいかないことが多々あります。理念的にはこうすべきなのにそれができない。例えば教習所の受付業務などを行うフロントは顧客と最も近い部署なので、卒業しても帰ってきたくなる母校の理念からすると入校説明や入校手続きなどの顧客対応を最優先で実践すべきです。ところが、私が専務として入ったとき、その対応は満足いくものではありませんでした。経営者としては是正しなければならない局面です。

私が心がけたのは、社員を頭ごなしに否定しないことでした。やらないのではなく、やれない理由があるからだと考えたのです。実際、話を聞いてみると、検定の事務処理などバックヤード業務により多くの人手や時間が取られ、そうした顧客対応をしたくてもリソースを割けない状況でした。つまり効率の問題がボトルネックになっていたのです。

そこで、皆と相談しながら業務の効率性を高める努力をしていきました。例えば、書類を提出するときにはハンコを枠の中の決められた位置に上下左右寸分違《たが》わずまっすぐ押さなければならないというルールを、枠に収まっていればよいことにしたり、送迎バスの予約システムを導入したり、本当に少しずつ改善を繰り返していったのです。

よく、改善のためにＰＤＣＡを回すなどということがいわれますが、実際には計画して実行し、だめならまた別のことを考える、などと単純にはいかないと思います。経営者がいくらプランを立てても、実行するのは現場の社員だからです。プランどおり動いてもらうためには、共感してもらい、一緒に汗をかいてくれる人を増やしていく地道な作業が必要です。その過程で自分の行いをブレさせないことが、ＰＤＣＡを回すことより大事だと思います。

このような、社員と一緒に力を合わせて行う理念共感型の社内改革を実行するためには何が必要か？と聞かれることもあるのですが、そういう場合はあくまでも自分の場合はと前置きしたうえで、「状況判断能力」と答えています。現場を俯瞰的に見て、どんな人がどこにいるのか。その人の個性やスキルを最大限活かせる場所はどこなのかを判断する能力です。小さい頃から物事を俯瞰的に見るのが得意だったこともありますが、東京での会社勤めなどの経験も活きていると感じています。そういう意味では、外に出て経験を積むということも、三代目経営者には悪いことではないと思います。

ヒト、モノ、カネ、情報からは考えない

ヒト、モノ、カネ、情報は、経営の四大資源といわれています。ヒトはいうまでもなく人材、モノは商品や設備、カネは経営資金、そして情報は顧客データやノウハウのことです。これらのリソースをいかに融合させるかと説く経営指南書もありますが、自社は当てはまらないと考えています。

確かに会社のリソースといえばこの4つだと思いますが、予算や設備がこれくらいあるからこれをしようというようなリソース起点で経営内容を考えるのは、ヒト、モノ、カネ、情報が潤沢にある大手企業にしかできないのではないかと思います。中小企業の現実を見れば、設備投資や修繕にこれくらいのお金が必要だからなんとか銀行から借りようとか、売上が足りないから営業社員を拡充しようといったように、必要に迫られてリソースをやりくりする状況だからです。

そもそも中小企業の良いところは経営判断をスピード感をもって進められるという

ことでしょう。ヒト、モノ、カネ、情報というリソースで区切って考えてしまうと、すべて会議に通して承認を得ていくといった、時間のかかるやり方に行き着いてしまうような気がします。もともとリソースのない中小企業がわざわざそんな遠回りをする段取りを踏む必要はありません。

だから私は、リソースから物事を考えるという発想がありません。そういう順番ではなく、理念ややりたいことからすべてスタートします。大事なのは、今できることは何かを見極めること。そこから理想とするビジョンやミッションに対し、いかにロードマップを描いていくか。それに尽きると思います。

では、そこから最終的にヒト、モノ、カネ、情報のどこにたどり着くかというと、私の会社ではヒトです。なぜなら自動車学校は教えるヒトと学ぶヒトがいれば極論として成り立つビジネスだからです。そのうえでサービス向上を図り、会社の社会的価値を高めようと思えば、ヒトというリソースを重視するのは当然のことだと思います。とはいえ、すべての業種・業態がヒトに集約するかといえば、そうではないと思います。工場のようにどうしても設備投資が必要な業種もありますし、将来的には機械やＡＩが完全にヒトに取って代わる業態もあるからです。それこそビットコインのような暗号資産をはじめとするフィンテック業界は、ハイスペックなコンピューターがあればほとんどヒトは必要ありません。

経営者にとって最終的にはヒトだといえれば楽なのですが、どんな業界にも通じるノウハウは存在しないというのが現実だと思います。やはり大事なのは、今自分の会社に必要なリソースは何か、それを確保するにはどうすればいいか、足元を見つめて一歩ずつ実行に移していくという、地道な方法しかないのではないかと思います。

役職制度を廃止してフラットな会社に

少し理屈っぽい話になりますが、組織管理理論の一つにホラクラシーというものがあります。ホラクラシーとは、社員同士に上下関係がない、当然管理職もいないフラットな組織のことです。アメリカの起業家ブライアン・ロバートソン氏が提唱しました。

従来の伝統的な組織はヒエラルキー（階層）型になっており、意思決定は上司が行い、目標や戦略を部署ごとに上司から部下に伝えるトップダウン方式が一般的でした。しかし、トップダウン方式には指示系統を一本化できるというメリットがある半面、組織が縦割りで互いに協力し合うことなく、自分たちが保持する権限や利害にこだわり、外部からの干渉を排除しようとする動きが起こりやすいというデメリットがありました。これに対し、フラット（並列）型のホラクラシーには、上司・部下の関係性がないので社員全員が対等です。社員は部署ではなく業務ごとに分けられ、一人ひとりの役割分担が明確にされ、それぞれに意思決定の権限が与えられます。その結果、全員が主体的に行動するようになるといわれています。

私はこのホラクラシーをはっきりと意識していたわけではありませんが、縦割りの組織には限界があると感じていました。縦割り組織はどうしても意思伝達に時間がかかってしまうからです。中小企業の経営にはスピード感が大事です。

自社をフラット型にするために、一般企業でもよく取り入れられているＭＢＯ（目標管理制度）を導入しました。ＭＢＯとは「Management by Objectives」の略で、直訳すると「目標によって管理する」という意味です。日本では主に目標に対する達成度で社員を評価する評価制度として認識されています。ピーター・ドラッカー氏が定義したこのマネジメント手法は「目標を立てることでより早く成長することができる」のが特徴とされています。

しかしこのＭＢＯは、MBO-S=Management by Objectives and Self-control という言葉の略語なのです。直訳すると「目標による管理と自己統制」です。つまり、自分で目標を立て、それぞれがセルフコントロール（セルフマネジメント）をしながら自主的に達成に向かうというのがこの制度の本質なのです。しかし私は肝心のＳの部分を見落としていました。こちらが作った目標に社員を無理やり当てはめようとし、結果的に社員たちを疲弊させてしまったのです。

そうした反省から、目標どころか肩書という普通の企業ならあって当たり前の枠組みすらも取っ払い、社員自身がやりたいこと、やれることでグループ分けしてみることにしました。具体的には部長や課長、係長という役職をなくし、ミッションをテーマにしたチームごとに希望者を募り、立候補によってリーダーを決めることにしたのです。

狙いとしては、「縦割りの廃止」と「若手の登用」です。特に若手の登用に対しては思うところがありました。なぜなら、これからの未来に向けて会社を良くしていこうと思ったら、若手社員の能力を最大限に発揮させ、モチベーションも高く維持させることが大切ですが、年功序列に近い組織体系だとそうした若手の力を伸ばしにくいという現実があるからです。

そもそも仕事は、やる気のある人が担務するのが理想だと思います。これをやれと強制されるよりも、やりたいと自分で手を挙げた人間のほうがモチベーション高く、成長意欲高く取り組むと思うからです。そのうえで決定権を与えれば、組織の意思伝達のスピードも速くなるはずです。やる気のあるその人がリーダーとして基本的にすべてゴーサインが出せるからです。だからやりたいと言った人に責任者を任せる組織を作るべきだと考えました。

当初考えたチームは次のとおりです。なお、チーム名やチームの役割はその年によって変わります。会社に必要なミッションやビジョンは常に変わるからです。

・理念ブランディング推進チーム
・未来創造チーム
・ドローン二輪促進チーム
・「母校」発信ＳＮＳチーム
・顧客獲得チーム
・事故ゼロチーム
・フロントチーム
・業務チーム
・車種開発チーム
・事務チーム
・管理者チーム
・送迎チーム

事務チームや管理者チーム、送迎チームなどあらかじめ人員や業務内容が固定されているチームもありますが、それ以外は希望するチームに志願して所属し、業務も自分たちで考えるという仕組みにしました。そして、それぞれのチームが連携して業務を行うことも推奨しました。例えば、事故ゼロチームが考えた二輪事故防止や梅雨どきのスリップ注意のような啓蒙活動を「母校」発信SNSチームがYouTubeで発信する、顧客獲得チームが考えた顧客募集のアイデアをフロントチームが生徒を通して地元の高校にPRするといった具合です。

これらのチームにノルマはありません。本来の業務は教習なので、これらは本業以外に課せられた単なる役割です。しかし、私は決められた業務だけを完璧にこなす人が偉いとは思いません。正規の業務には規定されていなくても、自発的に会社の理念を体現することは大切な社員の役割だと思うからです。ですので、これらのチームの取り組みも人事考課の対象としました。本業ではありませんが、仕事として真剣に取り組んでほしかったからです。

経営者としては大きな挑戦でしたが、社員からの反発はありませんでした。それ以前の型にはめるような人事考課制度や研修に皆辟易《へきえき》していたので、こうした自由な変化はむしろウェルカムだったのです。

この役職制度の廃止は、社員の自立心と横の連携を強化した以外に、思わぬ効果をもたらしました。それは適材適所の見極めです。例えばAという社員を、課長という役職でひとくくりにしてしまうと、課長はこうでなければいけない、部下をしっかり管理するのが課長の仕事だという色眼鏡で見てしまい、その人の本当の素質や能力を見落としてしまいます。本当はマイペースでおっとりした性格がその人の持ち味なのに、課長という役割の中では部下を引っ張っていけないだめな社員という烙印《らくいん》を押されてしまうのです。

しかし役職ではなく、やりたいこと、やれることで役割分担するという制度なら、その個性を活かしやすくなります。人を説得するのが得意な人は顧客獲得チームが向いているでしょうし、正義感の強い人は事故ゼロチームが合うかもしれません。移動するのは自由なので、自分に合う役割をじっくり見つけられます。

マネジメントができなければ組織の上には上がれないとか、人を育てられない人は会社で出世できないといった風土が今の日本企業にはあります。しかし、本当にそうなのだろうかと私は思ってしまいます。その人に合った成長があり、それを実現できる舞台を用意する。あくまでも、対等な関係が必要です。

ただし、ずっとこのスタイルでやり続けられるとは考えていません。会社は生き物なので、その時々で適したスタイルは異なりますし、会社の規模に応じて経営方法は変わって当然です。例えば役職制度を廃止することによって全体の統制がとれなくなり、組織が根本的に瓦解する可能性もあります。今はまだ自社の規模が小さいので機能していますが、将来規模が大きくなったら、やはり管理職のような肩書が必要になるかもしれません。

どんな制度にも「べき」というものはありません。一つのやり方にこだわらず、そのときに必要なことを、そのときに一生懸命考えてやればいい。経営方法もなるべくフラットにというのが、私のささやかな持論です。

フラットな組織を作ることで私が社員に望んでいる状況は、会社が居場所になることです。居場所とは、つらいことや悲しいことがあったときに会社に来れば仲間がいるからまた頑張ろう！と思える状態と、会社に自分の存在意義を見つけてもらうことだと定義しています。

そして、その状態を作るために社員に望んでいることは、役割を見つけることです。杓子《しゃくし》定規にこちらが役割を与えるのではなく、会社のビジョンや方向性を理解し、その実現のために自分だからできることを見つけることができれば、働く意義や誇りにつながってくると思います。そのために会社は、さまざまな選択肢を与えられるようにしたいと考えています。

また、フラットな組織を作るために気をつけているのは、目に見えない、会社における発言力の強さを均一にしていくことです。そのなかで、若手が発言し、やりたいことができる環境を作ることはとても大切だと思っています。これは別にベテラン社員を冷遇するということではなく、組織には目に見えない発言力の差「序列」というものが存在しているからです。

若手とベテランの意見が対立したとき、本来であれば同等の価値ある意見として議論されるべきですが、日本というお国柄か、これまで先輩社員・ベテラン社員の意見がなんとなく通ってしまうということが多々あったと感じています。それが繰り返されると徐々に若手社員の行動モチベーションは低くなり、会社に迎合することを最善の手段として選択するようになります。

この現象は、私の社会人経験から日本の会社で顕著であると感じています。これを回避するには、経営者や上司が若手の意見を聞き、その意見や発言の真意がほかの社員に伝わるように寄り添う必要があるのです。

私は後継者として入社した当初、まったく自分の意見が通らなかった経験から、若手の斬新な意見に耳を傾けたいと思い実践してきました。その結果、若手が自ら考えて動くという自主的な組織となり、現在では社内の全体ミーティングを30代前半の若手社員が担うなど、未来を見据えた人材がモチベーション高く働いてくれる環境になってきたと感じています。

第 4 章

自動車学校を核とした
多角化経営にシフトする

経営基盤を活かした新規事業に挑み、
新たに収益の柱を創出

ポジティブな危機意識が未来への事業戦略につながる

事業後継者としてやるべきことは、事業の永続だけでなく、社員の生活を守る、先代から受け継いだものを次の世代へ引き継ぐなど多岐にわたります。そこには大きな責任を感じるとともに、非常に大きなやりがいを抱いています。

一方、今の自動車学校がおかれている状況を考えると、単純に楽観視はできないとも思います。今の「18歳人口×免許を取得する割合」から計算すれば、今後市場は確実に減っていくことが明らかだからです。

自社がある徳島県の人口は全国で下から4番目の69万人であるうえ、今後過疎化がさらに進んでいきます。そうした環境を考えたとき、今の自動車学校のままではいけないという焦りや怖さは当然あり、そこに対して何かアクションをしないと、会社や社員、伝統を守れないという危機意識は常にもっています。

加えて危機感を覚えているのが、現状の自動車学校の意義が免許を取得することにあると社会からとらえられていることです。その結果、現在の自動車学校の勝ちパターンは価格を下げられる効率的な組織作りと、Ｍ＆Ａなどによるグループ化にいきついています。その流れは否定しませんが、今後確実な免許取得人口の減少に低価格化となってしまうと、業界全体の売上の低下にドライブがかかってしまうのではないかと危惧しています。

自動車学校業界に限らず、どんな業界も社会的な環境変化とともに、そのビジネススタイルは刻々とその姿を変えています。なかでも、ＤＸの推進や労働環境の改善といった取り組みは、地域や業種、会社の規模を問わず待ったなしで、世の中の仕組みや会社組織の構造そのものをドラスティックに変えようとしています。

さらに、日本の少子化は止まることなく進行し、それに伴う労働力不足の問題は深刻化しています。そのために外国人労働者を増やす、リスキリングを勧めてシニア層を再び労働市場に投入するといったさまざまな施策が試みられていますが、どれも決定打を欠いており、またどれか一つだけでは全体的な改善にはつながりません。

これらの社会的な状況変化に対応し、経営を持続させるためには、企業そのものの組織改革が必要です。つまり、企業体質をより強靭《きょうじん》なものに変化させるということです。そのためには、やはり正しく危機意識をもつことが第一歩になるのだろうと思います。

しかし、未来に対して過剰に恐怖心を抱いていても前に進めません。私はこの危機意識を逆手にとって、新しい事業戦略につなげたいと考えています。今後市場規模が縮小していく斜陽産業の一角にいる以上、今後市場規模が拡大していく成長産業に新たに乗り出すか、既存の事業に革新的なものを取り入れて挑んでいくかという、いずれにしてもリスクのあるアクションを取らなければなりません。実際、そこから逃げることは許されない時代がすでに来ています。やらなければいけない。でも勇気がいる。そんな経営者の背中を押してくれるのは、このままでは大切なものを守れないというポジティブな危機意識です。

今自社では未来に向け、３つの経営戦略の矢を用意しています。１つ目の矢は自動車学校のターゲットを徳島県ではなく全国に拡大していく戦略、２つ目の矢はシンク・スリーという別会社が行っている映像の事業やドローンスクール事業、そして３つ目の矢がＭ＆Ａ事業、この３本の矢を私は未来に向けて放とうと考えています。この３本の矢によって、私は自社を守ることと同時に、働いてくれている社員の雇用をしっかり守りながら、今後地盤沈下していく業界だけではなく、新しい業界にも挑み続けていけると考えています。これを実行することが、私が今いちばんやらなければいけないことなのです。

一の矢、「市場拡大」合宿事業で全国展開を狙う

私の自動車学校は今、徳島市内では一定のシェアは取っていると思っています。ただし、長い目で見たときには、そこにアドバンテージはありません。今後確実に起こると予測されることは、徳島県内で18歳人口が減少し、それに伴って免許取得者も減少するため、徳島県内で免許を取得する人が確実に減っていくということです。自動

車学校は固定費のビジネスなので、そう簡単には潰れませんが、そこでの争いを自社の収益の中心にしていたのであれば、多分その先に未来はありません。これは雪で補給路を断たれた山小屋の食料と同じで、自分の取り分をいくら増やしたところで、いつか底を突きます。

そういう状況では、限られた食料を奪い合うより、ほかの山小屋に移動するか、下山するほうがよほど効率的です。今の自動車学校でいえば、既存の事業で１０００万円売上を上げる努力をするよりも、より可能性のある新規事業で５０００万円売上を上げていくほうが、労力としては少ないと私は感じています。なぜなら分母となる絶対数が違うからです。

その一つが合宿事業による市場拡大です。２０２４年現在、日本の18歳人口は約１０６万人です。日本の総人口のわずか０・86％で、随分と少なく思えますが、徳島県の18歳人口の５２９８人に比べたら２００倍近い市場規模です。つまり５２９８人しかいない市場でパイを取り合うより、その２００倍の市場で５２９８人を確保しにいくほうが効率的だと思うのです。もちろん、これは机上の空論です。そのとおりにうまくいかない可能性もあります。しかし、ちゃんとした危機意識を持っていれば、こういった計算や挑戦をしないわけにはいかない時代になっていると私は思っています。これは三代目だろうが創業者だろうが関係なく、すべての経営者に突きつけられている課題です。

ご存じのとおり、自動車学校は横展開が非常にしづらい業態です。なぜなら、学校には〝地域の人が通う〟という物理的な壁があるからです。それは地域の人を囲い込む壁でもあるのですが、地域外からの流入を阻む壁にもなります。わざわざ遠く離れた地域から通学しようという人はいません。なぜなら、どこで取得しても同じ免許だからです。

しかし、唯一地域の壁を越えられるのが合宿です。以前から、山や海のリゾート地で短期集中的に学んで取得を目指す合宿免許の需要は一定数あります。18歳人口の割合で考えると、全国の合宿免許のニーズを０・５％でも取ることができれば、徳島のすべてのニーズを押さえられる計算になります。つまり、全国の２００人に１人が共感してくれるような合宿を提案できれば勝算はあるわけです。

ではどうやって２００人に１人が共感してくれる合宿を作ることができるのか。新規事業を考えるときは、自社がどういう能力を持っているか、何が強みなのかを、とことん考え突き詰めていくことがとても大切だと思っています。「私の自動車学校の強みとは何か」を考えたとき、やはり顧客に伝えていくこと、コミュニケーションが非常に強みだという結論に今のところたどり着いています。それは何かというと、人の温かさであったり、優しさであったり、スタッフのモチベーションであったり、というまさに「母校」という理念が体現するところです。これをどう合宿のメニューやサービスに落とし込んでいくか。

現状、合宿免許はいかに短期間で免許が取れるかというところが目的化しているので、早く安くという価値観になりがちですが、個人的には合宿免許の価値はほかにもあると思っているため、その部分を最大化したような合宿にしていきたいと考えています。具体的な施策の一つ目が、初心運転者の事故率の低さをうたうというものです。免許を取った人に事故を起こさせないというのは、自動車学校の役目だと思うのですが、そこにコミットした教習を展開していきたいというのがあります。それは私たちが自信を持って打ち出せるものの一つです。

まず大事なのは、交通事故がなぜ起きているのかということを調べて、明確にすることです。実は事故の原因の多くが、運転操作のミスではなく、安全未確認から来るものです。つまり安全に対する意識づけが足りないのです。


一般的に教習所で免許を取るというと、早くうまく取るという運転技術が求められがちですが、事故を起こさないことを目的にする場合は、そうした安全に対しての意識づけをいかにさせられるかというアプローチが必要となります。もちろん、教習の仕方も大事ですが、アフターフォローの要素も大事になってくるはずです。免許を取ったあとでも、そうした意識を途切れさせないようにすることです。その点については、母校の理念の一つでもある、卒業しても帰ってきたいと思ってもらうための普段の取り組みが役に立つと思います。

ビジネスとして収益の最大化を考えると、いかに早く入れていかに早く卒業させていくかといった部分が求められますが、安全運転になるとまったく効率とは別の部分が必要なので、勝負の仕方が変わってきます。しかし、そこにしっかりと価値をおいてやっていきたいという考えは、ブレずに持ち続けたいと思っています。

懸念材料は、宣伝の仕方です。通いの場合は地元の高校への営業活動や、卒業生の口コミ、家族の紹介などが期待できますが、全国規模だとそういう口コミが届かないことのほうが多いと思います。その中で、安全運転ができますよ、事故を起こさないですよという合宿が、果たして刺さるのか。これは不安要素ではありますが、逆にどの自動車学校を卒業するかによって事故率が変わってくることをそもそも知らない人が多いというのは可能性の一つだと思っています。つまり、「自動車学校ってどこも一緒でしょ」というイメージがあるなかで、自動車学校の初心運転者事故率が明確に違うのだということを伝えていけば、多少金額が変わったとしても選んでくれると思うからです。

事故を起こしたくない気持ちや、大切な人が傷つくのは嫌だという気持ちは、人間の本質的な願いであり、共通のニーズだと思います。しかし今までの自動車学校は免許をいかに早く取得させるかという効率を重視しすぎて、そこに目が向いていませんでした。これまではそのやり方でよくても、これからは通用しません。きちんとした教習所で免許を取れば事故を起こさなくても済むのだという価値を伝えていくことで、ゲームのルールチェンジのようなことがしたいと思っています。

もう一つ、２００人に１人が共感してくれる合宿の要素になり得ると思うのが、免許を取る喜びや達成感、そしてそこにクローズアップしていく教習です。具体的にいうと、さまざまな事情で普通の自動車学校に通えない人が、安心して免許を取れるようにすることで、達成感を得たり、結果的に社会に順応できたり、自信を持ったりというベネフィットをカリキュラムの中心に据えていけることができればと思っています。当たり前すぎて多くの人が見過ごしがちですが、免許を取ることは資格を取るということです。それは合格するということで、技能を取得したことが認められた結果です。それは社会的な資格や証明書であると同時に、苦労してやり遂げたという達成感を与えてくれるものでもあると思います。それは、教育が持っている大切な力の一つです。しかも、それがうれしいのは本人だけじゃない。両親かもしれないし、組織や地域といった社会かもしれません。そこを広げていくと、免許を取ることのもう一つの価値が生まれるのではないかと思っています。

おそらくですが、発達障害などでなかなか就職や進学が困難な子どもに対しては、通常の教え方であれば免許の取得も難しいと思います。しかし何か専門の教え方やスキルを持っている人を講師にしたり、その教え方を取り入れたりするのです。免許の取得が難しい人でも取れるというアプローチをする予定ですが、まだまだ具体的には決まっていません。いずれにせよ、大学の先生など専門家と一緒になって進めていくことが大事ですし、何かを組み合わせていくということも新規事業にとっては大切なので、さまざまな人や組織と協力しながら実現させたいと考えています。

二の矢、「異業種参入」ドローンと映像という飛び道具

既存の事業の仕組みや競争の中身から脱却する、そのデザインの中に新たな価値を考え続けていくことが新規事業に取り組むうえでは大切な思考だと思います。「18歳になったら免許」という固定観念からどうしても抜け出せないところがありますが、そこにとらわれていると、結局18歳人口は減っていますし、付加価値も少ないので、自分だけが勝てばよいというゼロサムゲームで終わってしまいます。自社の占有率が40％だとしても市場が半分に下がっていたら結局20％です。その数字はどんどん尻すぼみになってしまいます。

そうした意味で、固定観念の枠を越えた、飛び道具的な事業は一つあったほうがよいと思います。飛び道具とは、大辞泉によると「遠くから飛ばして敵を撃つ武器。弓矢・鉄砲などの類」を指します。敵からしたら、どこから飛んでくるか分からないの

で意表を突かれます。私たちに敵はいませんが、会社経営でいえば、本業ではないけれど本業とは違う顧客にリーチできたり、本業とは違うリソースを使って勝負できたりする新規事業といったところです。

　私の会社にも、未来への飛び道具があります。一つは自動車学校のシンクタンクとして２０１８年にスタートしたシンク・スリーという会社です。映像制作を中心に広告宣伝・企画・販売促進や採用活動などを幅広く手がけています。もう一つがドローンスクールです。四国で最初の自動車学校が手がけるドローンスクールとして話題を呼び、開始より1年間で１００人の入校者数を突破し、四国では最大規模のスクールとなりました。

　なぜこうした会社やスクールを設立したかというと、自動車教習とは違うアプローチで、かつ自分たちの強みとしてすでにあるもののうち、顕在化できる要素が何かと考えたからです。特に映像は自社独自の文化だと思いました。自動車学校はあまり変化がないイメージがあるかもしれませんが、その分地域に密着しているので、もともとの堅いイメージや、地域から信頼されているという強みがあります。さらに映像という分野においては、経営理念を映像にして伝えたり、生徒に交通安全を伝えるときに映像を活用したりと10年以上の実績があり、周りの企業からも強みとして認められています。また、ＳＮＳも非常に強く、TikTokのフォロワーは３・７万人、YouTubeの「教習所チャンネル」は２・８万人の登録者を獲得しています。であれば、これを切り離して単体の事業にできると思ったのが、映像の事業です。具体的には、プロモーション映像や、企業の教育映像など、クライアント企業の理念を社員や外部の人に伝える映像の作り方を教えるスクールと事業です。映像制作も依頼があれば行ってはいますが、メインは映像スクールです。なぜ、作るのではなく教えるほうを選んだのかというと、そこにも理念が関係するからです。

新規事業を作るときに必要なのは、顧客にどのような利便を与えられるかということともありますが、自分たちのサービスのコアは何かということも同時に考えなければいけません。そう考えたとき、私たちの映像事業の強みには「人材育成」があると思いました。

シンク・スリーという会社の名前の由来は「人と人をつないでいく第三者になる」

というものなのです。実は映像の作り方を教えるというのは、関係性づくりという視点でとらえると非常に面白いのです。例えば、経営者が社員に言葉で理念を伝えようと思っても、抽象的すぎたり、そもそも社員に興味がなかったりしてうまく伝わりません。ところが、会社の理念をテーマにした映像を作ろうとすると、良い映像を作るために社員と経営者が自然と対話をするようになります。映像を作っていく過程におけるコミュニケーションは重要で、企画者と制作者の心のベクトルが一致していないと、決して良い映像はできないからです。そして「こうやったらもっとうちっぽい」とか「俺はこういうのがいいと思う」とか「自分はこういうふうに思います」という議論が結果的に理念の浸透につながるのです。それは、シンク・スリーの〝人と人をつなぐ〟という理念と一致すると思いました。なぜそう思うかというと、これらすべては、私が広沢自動車学校で経験をしたことだからです。その成功体験といえるものを、私たちを慕ってくれる企業へ伝えていきたいと考えたものを映像学校に詰め込みました。

このように、事業を作っていくときには、参入障壁の低さや勝機など表のメリットはありつつ、裏には自社しかできない強みやストーリーがとても必要になってくると思うのです。なぜなら新規事業の客というのは、そうした部分に惹かれてやってくるからです。

現在、シンク・スリーの顧客は、同業である自動車学校の方が非常に多くいらっしゃいます。それこそ、北は岩手から南は鹿児島まで、全国から足を運んでくれます。なぜなら、映像作りが自社が抱える課題を解決してくれると思っているからです。

顧客の希望は「もっといい会社にしたい」というものですが、それをかなえるためには、売上を上げる、入校者を増やす、効果的な採用をする、などといった私の会社がこれまでやってきたことのノウハウが必要となります。もちろん、そういった希望は大歓迎です。特に同じ業界同士、一緒に成長していくことのメリットが大きいからです。市場が倍になれば、市場シェアが30％のままでも実質売上が2倍になりますから、そのほうが健全だと思います。

しかし、母校という理念を教えたいと思っても、どのように言葉やプログラムに落とし込むかというのは難しい問題です。でもそれを映像というツールを使うことで伝えやすくなる。さらに映像を作る方法を教えるという過程でも本質的なことが伝えられる。これはとても効果的なやり方です。

もちろん、アプローチする相手は同業でなくてもいいと思います。大切なのは、自社がここまで残ったのはなぜか、自社の強みは何かということを真剣に考えることです。それをなんとか形にしていく。それしか方法はないと思います。

シンク・スリーではドローンスクールも経営しています。実はシンクタンクの立ち上げより前にこのドローンスクールを設立しました。ドローンを選んだのも、単なる思いつきではありません。まず自動車学校と共通項があります。運転・操縦、許認可、資格取得、安全重視、すべて自動車学校が得意とするところです。シンプルに親和性が高いのです。実際やってみると、受付があって、教える人がいて、カリキュラムがあって、検定して、試験に合格したら卒業という自動車学校のノウハウが、全部活かせました。リソースの転用なので、イニシャルコストをかなり低く抑えることもできました。

ドローンスクールを開始した当初の結果は非常に満足のいくものでした。初年度だけで約100人もの受講生が私たちを信じ、一緒に新しい学びの旅に出てくれました。スクールのカリキュラムは約3〜4日間という短期間で終了し、それに対する費用は一人あたり20万円程度です。これは、短期間で新たなスキルを身につけられるというニーズに刺さり、初年度から大きな成果を上げることができました。また、徳島で最初のドローンスクールということと、自動車学校という一見古風なイメージのある業界から新たなステップとして始まったということに多くのメディアが関心を寄せ、取材に来てくれたことは、宣伝効果としては非常に大きな成果でした。

実は2年目以降は少し苦労しました。その原因はさまざまありますが、一つには徳島の市場規模の小ささがあります。県外からも受講生を迎えていましたが、新型コロナウイルスの影響で人々の移動が制限されると、徳島の中だけでは集客が難しくなったのです。しかし、いまやコロナ禍はほぼ収束し、生徒の数も回復の兆しを見せています。また、現在は国家資格へと切り替える動きがあり、私たちはその流れに乗って、素早く対応しようとしています。素早く対応できれば先行者有利の法則で全国展開も不可能ではないからです。狭い市場で競争するよりも、市場そのものを広げていったほうが、当然利益も拡大します。

ただし、私はドローンにこだわっているわけではありません。自動車学校という場で交通安全を教える強みを活かせれば、なんでもいいのです。ただし、これからの時代を切り拓く新しいデバイスや手段に目を向けることが大切です。日々物流手段は進化し、そのスピードは日進月歩だからです。そのため、ドローンが飛ぶ自動車になろうが、自動運転車になろうが、ロボット技術になろうが、私は積極的に取り組んでいきたいと思っています。

大切なのは新しい技術が出てきたときに、即座に対応できるかどうかです。そのためにはこれからの時代を牽引する新しいデバイスや技術に対して、経営者がどれほどの関心を持ち、積極的に取り組む体制を築けるか、といった思考の柔軟性は極めて重要です。例えば、印刷業界においては、紙からデジタルへと変わるのは当然の流れです。これを活版印刷から始まった紙の印刷の歴史ととらえるとゲーム終了となりますが、広義に「情報を伝達する産業」ととらえることができればゲームはまだまだ続きます。媒体が紙からデジタルに変わったとしても、「情報を伝達する」という本質はまったく変わらず、ゲームのルールが変わるだけだからです。これは印刷業界に限らず多くの斜陽産業で起こっていることです。

そこで私たち斜陽産業の経営者が考えなければならないのは、「何が変わり、何が変わらないのか」を見極めることです。それは、自社のビジネスモデルを深く掘り下げ、あらゆる可能性を見つめ直すことです。斜陽産業に限らず経営の大前提であり、経営者としてこれから先もずっとそのように考えることが重要だと感じています。

ただし、それを徹底的に行うことができれば、斜陽産業にとっては有利に働く側面が出てくると思います。それは〝斜陽産業なのに〟というネガティブなイメージを逆手にとったブランディングです。私の場合、自動車学校が空飛ぶドローンに手を出すという意外性を打ち出したことが功を奏しました。これは、自動車学校を経営している会社にしかできないブランディングです。そのように旧態依然としたイメージであればあるほど、新しいことをすれば注目されるのは市場原理ともいえます。そういう意味で、時代の転換点はむしろ斜陽産業にとってチャンスともいえるのです。

三の矢、「Ｍ＆Ａ」で化学変化を起こす

私の会社の強みはずばり「人」です。ただ人が強みなのはもちろんですが、会社全体として培ってきた成長意欲や変化に対応してきたという成功体験からくる風土、地域に60年以上根付いてきたことによる信頼感と、強みはほかにもいろいろとあります。その中には自社が自動車学校という主事業で培ってきたものと、母校という経営理念から培ってきたものの２種類あり、そのうち理念から培ってきたものを整理することで、自社の新規事業へ対する強みというものが醸成されてくると考えます。

人が財産というのは、最近では人的資本という言葉で表現されています。その一方で、人が会社の不良資産になる場合もあります。例えば、世の中ＤＸとかＧＸとかいろいろ変化が求められています。しかし、多くの企業が対応できていません。なぜ対応できないかというと、そこには人の問題があると思います。変化に対応すれば勝てる、そう分かっていてもやらない。お金がないからではなく、中にいる人が変われな

いからです。その人は経営者の場合もあるし、社員という場合もあります。企業としては対応したいのだけれど、それをできる人材がいないということもあります。そういう人がいても、その他大勢が変化を嫌って全体として何も変われないということも多く見受けられます。会社の体質というのはやはり人で成り立っている部分が大きいと考えます。

その点、私の会社の社員は、これまでいろいろな変革を体験してきたわけなので、変わっていくことに慣れているのです。また、採用や教育面においても強みがあります。現在、採用と教育はどこの企業も重要課題の一つに挙げています。ということは、そういう人をＭ＆Ａ先に送り込めば、企業体質が大きく改善する可能性があります。そう考えると、さまざまな業種に参入の余地があると気づきました。

Ｍ＆Ａ先としては、同業はあまり考えていません。成長もしくは技術革新によって大きく変わっていく業界を狙っています。例えば、可能性があるのに人の採用ができなくて苦しんでいるような業界。今プロジェクトとして注目しているのは、タクシー業界と運送業界です。

タクシー業界はそもそもドライバー不足というところに勝機があるし、インバウンド需要がある観光ドライバーは確実に伸びていきます。そう考えると外国人ドライバーにいち早く対応すればかなり優位性が上がりますし、東京は別として地方のタクシードライバーの接客はまだまだです。そうした、おもてなしというか母校的な温かさみたいな部分をうまくインストールすることができれば、サービス面は劇的に向上すると思います。これらの要素をすべてクリアできれば勝算が立つわけで、しかも人を運んでいくことに関してしばらくは大きく変わらないと思います。タクシーが全部ライドシェアになるとか、自動運転になるというのはもう少し先の話でしょうから。そこに可能性は感じています。

もう一つ、Ｍ＆Ａをすることでほかの業態のＤＮＡを吸収していくことが、今までの自動車学校が持っている強みと化学反応を起こすのではないかという期待です。つまり新しい刺激になると思っているのです。その点、どのような業種がいいかといったことは予想できます。むしろできそうでどこでもいいといえば節操がなさすぎるかもしれませんが、それくらいの気構えでいます。チャンスがあればいつでも、ということです。

とにかくいえることは、何もせず既存事業を続けているリスクのほうが大きい時代だということです。そこをなんとかしていくなかで人が集まってくることもあると思うのです。私の会社でも、シンク・スリーという新しい事業体があることで、それまでにいなかった新しい人材が入ってきています。もちろん最低限の人数や、こういう人がいれば勝てるという算段はある程度必要なのですが、化学反応を起こすには偶然性に賭けることも大事だと思います。

新規事業を立体的にとらえる

今回は3つの矢を紹介しましたが、結局大事なのは、新規事業を立ち上げるときには複数立ち上げるということです。1本足だと、それがだめになったら終わりだからです。もちろん、1つの事業に非常に可能性があるのであれば、そこに全振りにしてもいいと思いますし、そこは可能性の話になっていくので正解はないのですが、ただいえることは、いろいろな可能性を模索するということです。これが１００％当たる、１００％伸びるという確証はどこにもありません。だから複数の事業に挑み続けていくのです。もちろんリスクなども考えながらですが、プロ野球のバッターだって打率はせいぜい3割です。逆に何もしないよりも、リスクヘッジになると思います。バットを振らなければボールには当たらないのです。

そのうえで自分が意識していることは、立ち上げた事業を立体的につなげていくことです。３つの経営戦略の矢でいうと、地方から全国への大きな枠組みがあって、そのうえでの映像事業があって、もう一つはＭ＆Ａ。これらはそれぞれ独立しているのではなく、立体的につながっています。

後継者に関係なく経営者がやる最大の仕事は、自社の強みをデザインしていくことだと思います。もう少し分かりやすく述べると、自社のビジョンに売上や利益もしっかり乗せていくためには、強みをどう組み合わせるかということです。これらすべてをしっかりとつながるように、なるべく可視化できるようにデザインしていくことが、多分経営者の最大の仕事だと思っています。

デザインしていくうえでは、今までは平面的な絵でよかったものを立体的にしていくことが何よりも大切だと思います。例えば、ＡとＢとＣの事業プランがあったら、Ａが下がったらＢを持ち上げていこうとか、そういうイメージです。リスクヘッジともいえますし、さまざまな方向に可能性を模索するということでもあります。そんなふうに臨機応変にできなければ、従業員を路頭に迷わせることになります。

全国展開、新規事業、Ｍ＆Ａの３本の矢も、それぞれが一見バラバラの方向を向いていることに意味があるのです。しかし実際はそれぞれがまったく別ではなく、それら３つが絶妙に重なり合っていって、渦を巻くように自社の目的につながっていくのが理想です。そのようにデザインするのが、経営者の腕の見せどころであり、役目だと思います。

そこまで緻密にデザインできなくても、大体の方向性、つまりそれぞれの事業が何につながっていくのかということはイメージしておかなければいけないと思います。相互作用的というか、何がどう相関していて影響を与えるのかは、組み合わせ方によって変わってきます。例えば、タクシー会社とＭ＆Ａをするのであれば、人と人がつながって、この部分が伸びていくだろうなという、漠然としたイメージでもオーケーです。そうすれば、自社のどんなリソースがどれくらい必要なのか見えてきます。

まとめると、同時進行で走っている事業に対して、人や技術といった自社のリソースをさまざまな角度から串刺しにしていきます。それは２つの事業を垂直に突き刺すかもしれませんし、３つの事業をひとまとめに貫き通すかもしれません。角度も垂直ではなく斜めかもしれません。いずれにせよ、立体的に考える必要があります。

社員への説明責任をおろそかにしない

そしてもう一つ、新規事業を展開していくうえで大切なのは、社員に対しての説明責任は果たさなければならないということです。事業プランを決定して、デザインしていくことと同じぐらい、社員に対してなぜこのような事業を行うのかと、安心感を与える説明をするのが経営者の義務だからです。例えば蕎麦《そば》店がいきなりアイスクリーム店をやると言ったら従業員は驚くと思いますが、正当な理由があればいいと思うのです。実際、社員にとてもアイスクリームが好きで、死ぬほど研究していて、いつかアイスクリーム店をやりたい、それができればとても幸せだという人がいたとして、しかるべきタイミングでアイスクリーム店のＭ＆Ａが出ていてとてもいい値段で買えるのであれば、やってもいいと私は思っています。そこは社員の可能性を追求していく部分でもありますし、人と人が共存していく器として会社は存在しているにすぎないと私は考えています。

最終的には社員が納得する形にもっていかないとだめだと思います。なぜなら、社員がいないと何もできないですから。３つの矢も、それをワクワクして挑戦してくれる社員がいなければ、前には飛びません。そう考えると、社員がどんどん新しいことに挑戦していける社風を作っていくことはすごく大切だと思います。新規事業には不透明な部分も当然あるわけなので、それをぶち破るのは挑戦したいという熱意です。その熱意が醸成されない社風を作ることが何よりもまずい。だから順番としては、まず新しいことを恐れないとか、新しい挑戦にワクワクするような社風を作ることが最初の一歩だと思います。

社会に貢献するのは当たり前

新規事業という観点で、近頃中小企業の間でも注目されているのが、ＳＤＧｓ（持続可能な開発目標）です。これは、２０１５年９月の国連サミットで採択された２０３０年までに達成すべき世界共通の目標であり、持続可能な世界を創造するための道筋として提唱されています。日本国内においても、多くの企業がＳＤＧｓに対する取り組みを積極的に行っているのはご存じのとおりです。

いまや、社会貢献という視点は、企業活動において欠かせない要素となっています。ＳＤＧｓと似た意味を持つ言葉として、ＣＳＲ（企業の社会的責任）やＥＳＧ（環境、社会、ガバナンス）がありますが、いずれも企業が社会への影響を考慮しながら行動するという考え方という点で一致しています。

企業が社会貢献の取り組みを重視する理由はいくつかあります。1つ目は企業のブランドイメージ向上です。社会的にSDGsに対する関心が高まるなか、企業がSDGsに積極的に取り組んでいることは企業信頼の向上や顧客から選ばれる要因につながります。これは、商品やサービスの売上向上や優秀な人材の確保に直結する可能性があります。

2つ目は新しいビジネスチャンスの発見です。SDGsは世界的な課題を取り扱っており、これに取り組むことで新たなビジネスチャンスを見つける機会になります。ほかの企業や行政と協力して取り組むことで、独自の新規ビジネスを生み出すこともゼロではありません。

3つ目は社員のモチベーション維持につながることです。社員がSDGsに熱心に取り組むことで、社会に貢献しているという自覚が生まれ、その結果モチベーションが向上し、業務の質が改善したといった話も実際に聞きます。

4つ目は投資家へのアピールです。投資家は企業が社会貢献につながる活動を行っているかどうかを重視しています。ＳＤＧｓは世界共通の目標であり、これに取り組むことは投資家にとって魅力的なポイントとなります。特に斜陽産業にとっては、大きなチャンスといえます。

しかし個人的には、ＳＤＧｓという言葉をあまり意識していません。やって当たり前のものというか、自社が社会に何かしらの貢献をしていなければ結果的に生き残れないからです。私の会社も交通事故のない持続可能な社会づくりを目指して本気で取り組んできました。それが認められ、２０１９年度の消費者庁主催「消費者志向経営優良事例表彰」では、ＳＤＧｓ推進企業に贈られる第１席の「内閣府特命担当大臣表彰」に選ばれました。全国の中小企業として初の受賞でした。安全運転への独自の教育はもちろん、卒業式やイベント、卒業生へＳＮＳの交流サイトで安全を呼びかけるなど人と地域の関わりを大切にする地道な取り組みに評価をいただいたことはたいへん喜ばしいことであり、名誉なことです。

受賞のときに何よりもうれしかったのは、審査員の方が中小企業だからと特別な採点をしたわけではなく、本気で会社として顧客との持続的な関係づくりに取り組んでいるという点について、大企業の方々も参考にしてほしいというコメントをしてくれたことです。自社の取り組みが社会から認められ、さまざまな企業を見てきた方から評価してもらえたことは、本当にうれしかったです。

逆にいえば、今まで生き残ってきた企業であれば、やってきたことの中にＳＤＧｓに関わるものがあるということです。つまり、ＳＤＧｓのために新しい事業を起こすのではなく、あくまで自社で取り組んでいることの価値とＳＤＧｓを掛け合わせることが大事だと思います。実際に私の会社もＳＤＧｓのために取り組んできたわけではありませんが、参考にしたいという声は多く、これまでもさまざまなイベントに招待いただき、登壇の機会を得てきました。そこで、自社が取り組んできたＳＤＧｓ的なものについて、そうした背景があることを前提とした

消費者庁主催「消費者志向経営優良事例表彰」

うえで、紹介したいと思います。

SDGsには17の目標があり、それぞれ人権、経済・社会、地球環境などさまざまな分野にまたがった課題が分類されています。まず17の目標のうち「3　すべての人に健康と福祉を」という観点から、顧客との関係性を深める活動を行っています。具体的には、教習以外の時間でも顧客との信頼関係を深めるために、スタッフが「悩み事」を聞いたり、インターバル時間のなにげない会話を交わしながらコミュニケーションを図ったりすることで、顧客の心に寄り添い不安の解消に努めています。また、保護者ともコミュニケーションを取り、不安解消を図ります。これらの活動は、安全運転の喚起となっていて、私の運営する自動車学校の事故率も下がっています。さらに年2回の大きなイベント運営を社員だけでなく、自動車学校卒業生（私の会社では「顧客営業部隊」と定義）とミーティングを重ねて実施しています。

続いては、「4　質の高い教育をみんなに」の理念のもと、課題解決型学習「アクティブラーニング」を実践しています。私は交通事故を卒業生の安全を脅かす身近な社会課題としてとらえており、身近に潜む交通事故の危険性、回避方法を実感し、大切な人に伝えてもらうことによって交通安全の意識を高めていこうと考えています。特に、「グループ討議」、「自ら体験」、「ほかの人に教える」、この3つを特に重視して教習を行っています。

そして、「3　すべての人に健康と福祉を」「12　つくる責任、つかう責任」につながるのが、卒業生の安全確保という課題です。自動車学校を卒業した顧客の安全確保に向けて、3カ月、6カ月、1年後に、卒業した顧客への違反・事故情報収集を定期的に行っています。集めた情報は、交通事故の未然防止のために質の良い教習の改善に活用しています。また、障害があっても免許が取れるように、障害者専用教習車を導入しています。

社内でも月一回の全社員での全体会議で、顧客のアンケート結果や意見を発表したあとに、社員同士で対話しながら課題の抽出を行っています。また、成功体験、失敗体験などの社員個々の情報交換を行うことで、顧客満足度のアンケート結果も上がり、入校者数の増加につながっています。こうした経営理念の共有や社内イベントは、「8　働きがいも、経済成長も」のターゲットに沿っていると考えます。

顧客との関係性を深める仕組みづくり

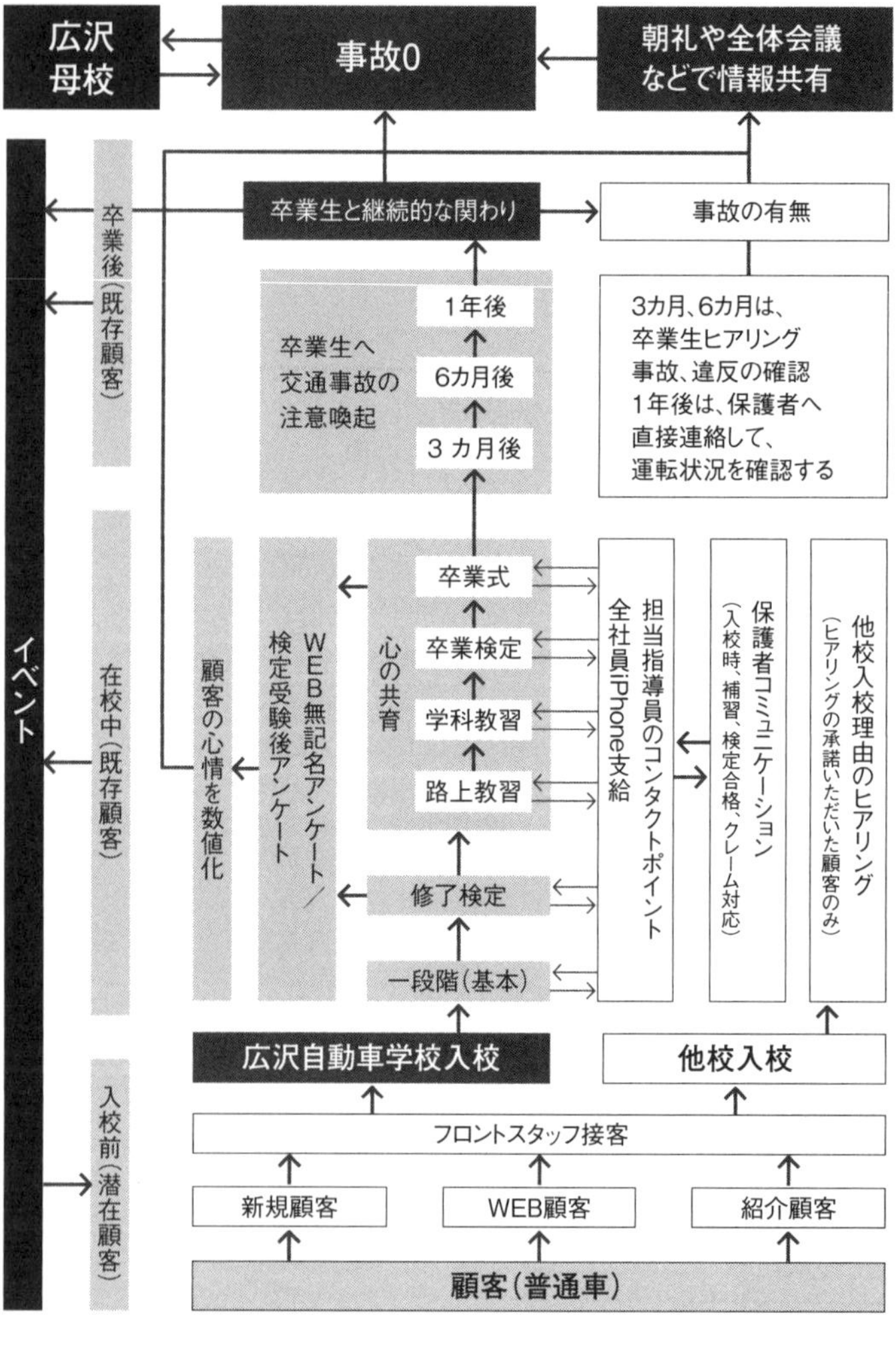

「4　質の高い教育をみんなに」と「8　働きがいも、経済成長も」の課題解決のために、インターンシップ、ベンチマーク、学習会の実施を積極的に行っています。具体的には、地域の中学校、高校、大学からインターンシップを行い、最近では、ハンディキャップがある学生に対し、障害者雇用に向けてのインターンシップにも力を入れています。また、県内外からのベンチマークにも応じながら、現場社員や管理職への研修も行っています。また、最近では、四国大学、徳島大学と連携した学習会を行い、地域の学生が卒業したあとにどんな考え方をもつことで、働きがいが生まれるかを学習する場を作っています。

地域の事故0活動は、「3　すべての人に健康と福祉を」「4　質の高い教育をみんなに」「11　住み続けられるまちづくりを」につながると思います。地元の警察署や高校と連携し、現役の高校生が考え企画したＶＲ映像を使って交通安全教室を実施し、仮想現実の中で事故の原因のほとんどが確認不足という体験をすることで、学生の自転車事故をなくす取り組みを行っています。これらは学生自らが話し合い、考えたものを形にしたのですが、その様子はメディアに注目されました。また、近くの交通事故の多い交差点で、週1回、社員がボランティアで立哨《りっしょう》活動を行っています。

　ドローンスクールは地元の廃校を利用して運営していることから、地域社会の活性化に役立っています。また、シンクタンクにおいては、採用・広報・理念共有等の動画およびＶＲ活用の方法を伝える社内動画クリエーター育成への取り組みを行うことで、地元の中小企業の振興に役立っていると自負しています。さらに、長年の交通安全への取り組み・教育手法を活かし、これからの未来を担う人たちに向けて、教習以外でも地域社会の活性化のために学べる場を提供していこうと考えています。こうした取り組みは、「4　質の高い教育をみんなに」と「8　働きがいも、経済成長も」

「11　住み続けられるまちづくりを」に該当すると思います。

時代の流れは残酷なほど早く、２０２４年現在でさえ、ＳＤＧｓという言葉を聞くことは少なくなってきたように感じます。この状況は予見できたことであったので驚きはないですが、それほど社会の変化は早いということだと思います。

ＳＤＧｓはトレンドのようなものであり、あくまで指標にすぎません。時代が変わればまた別の指標が出ているかもしれません。いちばん大切なことは、理念やビジョンのもとに行っている自社の活動が、時代のなかで常に出てくるさまざまな指標に対して何がどう適合しているかを考え、照らし合わせて考えていくということだと考えています。そして自社のビジョンと社会への貢献価値を考え続けることです。

後継社長の強みを活かしつつ、自分らしい事業を

企業が成功を収めるためには、一般的に他社との競争を有利に進める能力、すなわち競争優位性が必要とされています。競争優位性とは、市場内で他社と比較して優位な立場を確保することであり、それを獲得するためには他社が追随できないような独自性を持つか、他社が及ばないレベルの事業を展開することが求められます。そのように聞くと、途端に尻込みする経営者は多くいます。特に二代目、三代目の経営者は、自分で創業したわけではなく、親から事業を承継しただけという思いからか、競争優位性などないと考えがちです。しかし、親から事業を承継した時点で競争優位性は非常に高いというのが私の持論です。

例えば、日本の冬の人気スポーツである駅伝にたとえてみます。駅伝は決められた数の区間を1選手ずつ走り、たすきを渡して、最終的に最も速くたすきをゴールに持

ち込んだチームが勝ちというスポーツです。最も知名度の高い正月の箱根駅伝は、東京・読売新聞社前から箱根・芦ノ湖間を往路５区間（１０７・５㎞）、復路５区間（１０９・６㎞）の合計10区間（２１７・１㎞）で競います。

駅伝の面白いところは、途中どんなに速いエース選手がいても、それだけでは優勝できないということです。逆に途中実力に劣る選手がいても、それまでの選手たちが頑張ってタイムを稼いでおけば、そのアドバンテージによって抜かれずに済むこともあり得るのです。これは会社経営にも似たところがあります。駅伝と違って明確なゴールはありませんが、第1区間の走者（創業者）からスタートし、第2区間の走者（二代目）、第3区間の走者（三代目）へたすきをつないでいく点は同じです。途中、速い走者（優秀な経営者）がいれば遅い走者（優秀ではない経営者）もいます。しかし、最終的に上位でゴールできればいいのです。

会社経営が駅伝と違うのは、スタートのタイミングが会社によってバラバラだということです。１００年前にスタートした会社があると思えば、今年スタートした会社もあります。しかも、たすきをつなぐ選手はあらかじめ用意されていません。区間の長さも決められてはいません。つまり、たすきをつなぐことができるかどうかは、走り続けてみないと分からないのです。そんなルールのなかで、数多くの会社が「未来の売上」という同じゴールに向かって、同じコースを走っている、それが「会社経営」です。

そう考えると、二代目、三代目が、非常に有利な立場であることが分かるはずです。なぜなら、ベンチャー企業がスタートした時点ですでに２区も３区も前を走っているからです。しかも、コースはどんな形なのか、気温や風速、天候、道の状態、障害物の有無など、あらゆるデータが蓄積されています。そうした情報の蓄積だけでなく、走り続けるのに適した設備やツールも備えています。そして何よりここまで走り続けてきたという自信が安定した走りの原動力になっています。これは、ベンチャー企業が欲しいと思っても絶対に手に入らないアドバンテージです。

こうした競争優位性に自分がおかれていることを理解したうえで、自分らしさを見つけていくことが、新しい事業を進めていくうえでは大切になってくるのではないかと思います。私が三代目の社長として経営を行っていくなかで常に心がけているのは、私自身がどのような存在であるのか、そしてこの会社にどのように貢献できるのかということです。そのためには、自社の社風やビジョンを定期的に見つめ直し、自己分析を行うことが重要です。その過程で必要と感じれば、もちろん先代を頼ることもあります。そのうえで、先代のやり方を単に模倣するのではなく、自分自身にしかできない方法を見つけることが大事です。

経営というのは、それぞれの時代や環境に合わせて自己を見つめ直し、その結果を基に会社をデザインしていくことなのだと思います。そう考えれば、自然と自分らしさが必要になってくるはずです。何代目であろうが、自分がやるべきことをやり、新たな挑戦をし続けるということが重要です。しかしそこには、創業者から連綿と続く理念の継承があり、社会や人とのつながりがあります。それを忘れてはいけないし、私も忘れないように心がけています。だからこそ、先代の手法を単純に模倣するのではなく、自分自身が新たな価値を生み出し、それによって会社を成長させるという気概をもつこと。それが、１００年先まで会社を存続させる、自分なりの方法だと考えています。

第5章

斜陽産業はアクセル全開で――

逆境に悲観せず改革に取り組めば、衰退する業界も変えられる

自分のいる業界が持つ価値と可能性を追求する

私は、現状の自動車学校が免許を取得するだけの場所となっていることに危機感を抱いています。そして、本来自動車学校が果たすべき役割と市場から期待される役割を進化させていきたいと考えています。それは、ＣＳＶの考え方と同じ方向性です。

「ＣＳＶ」は、「Creating Shared Value」の略で、日本語でいうと「共通価値の創造」を意味します。これは、企業が自身の事業を通じて社会の問題を解決することで、社会的価値と経済価値を両立させる、つまり「社会にいいことをする」かつ「ビジネスとして成功する」という経営戦略のことです。この考え方を提唱したのは、アメリカの経営学者マイケル・ポーター教授とビジネスパートナーのマーク・クラマー氏です。彼らは「ＣＳＲ」から「ＣＳＶ」へと進化する考え方を提案しました。

ＣＳＶの最も重要な特徴は、「儲《もう》ける方法」の中に、これまでのＣＳＲの活動、例えば、法律を遵守することや、環境負荷を減らすことなどを位置づけることです。これにより、社会的な問題を解決しながら、企業の成長や利益を追求するという新しい視点が生まれました。一方で、以前のＣＳＲの活動は、ビジネスのリスクに対応するための費用や、社会貢献のために利益を使うといった側面が強かったため、その持続性には課題がありました。

　このような背景から、ＣＳＶは社会的な問題の解決と企業の競争力の向上を両立させ、持続可能な経営戦略として生まれました。しかし、ＣＳＶが以前のＣＳＲに置き換わるものではないことを理解することも重要です。社会貢献を果たすために取り組むべきＣＳＲの役割を見失うと、企業にとって大きなリスクになり得ます。

　斜陽産業においては、自社だけの力では成長が困難であり、社会的な要求に応える形で変革を進めること、あるいはほかの業界と協力関係を築くことが重要だと思います。なぜなら、自動車学校業界は明らかにマーケットが縮小しており、未来が明るいとはいえない状況だからです。特に地方や小規模事業者にとっては、この状況は非常に深刻です。この前提を基に、どう対応していくべきかを考えると、現状維持では厳しく、新たな価値創造が必要です。

過去10年間、講演などの機会を利用して、私は数百人の方々に「自動車学校とは何をするところか」と尋ねてきました。その答えは大抵「免許を取る場所」というものでした。それは私にとって非常にショッキングなことでした。なぜならば私には、免許を取得することはあくまで過程であり、自動車学校とは運転免許教育を通して人間教育を行う場所だという自負があったからです。しかし免許を取るのが目的という考え方が業界内で一般化すればするほど、先輩方が築き上げてきた自動車学校の価値や理想とは違ったものとなってしまい、そこで働く人々の誇りのようなものも減少していってしまうのではないかと大きな危機感を抱いています。

一般の人たちのみならず業界の人までもが「自動車学校は免許を取得する場所」という認識のままでは、時代の流れと比例して自動車学校のニーズは減っていくと思います。少子化や自動運転の台頭によって自動車学校の価値は減少し、いずれはなくなる運命にさえあると感じています。だから、今こそ自動車学校業界は新たな価値を創造しなければならないと私は考えます。その価値とは、地域社会の交通安全を守る教育機関としての役割を、もっと強く社会に認識してもらうことです。そうすることで、どんな社会の変化があろうとも、私たちの提供するサービスには普遍的なニーズがあると信じています。

会社の業績も大切ですが、社会から求められることが新しい価値を生み出す源泉だとすれば、そこに向かって自社がまず率先垂範して取り組んでいく必要があると思っています。また、そうしたことに対して、結果的に会社の成長が付いてくるというのが、私の揺るぎない信念です。だから、私は自分の社長就任後、最重要のＫＧＩ（Key Goal Indicator, 重要目標達成指標）として初心運転者の事故率の低減を掲げました。

世界に誇れる日本の運転免許制度こそ、自分たちの先輩方が作り上げてきてくれた業界の持つ本来の価値だと思っています。ただ免許を取ることだけを顧客が求めており、その正しい価値が市場から認識されていないからこそ、私は改めて自社の向かうべき方向を再定義したのです。

自社が社会に対してどのように貢献しているのかを明確にし、それが社会から求められていると認識することで、そこで働く人々も自分の日々の仕事に誇りを持ち、会社への帰属意識が高まっていくというのが、私の考えです。

時代が変わっていくのは避けられないことです。それと同じように、時代の変化に合わせて社会から求められるもの、自社の果たすべき役割が変化していくと思います。だからこそ、自社の持つ本質的な価値と、顧客が自分たちに望んでくれることを常に考えるべきなのです。その問いに対する答えこそが、自社が社会に対して果たすべきことであり、その価値に対する共感と、自社の成長は比例するのではないかと考えます。私は常に何が求められているのかを考え続けていきたいと思います。そして、未来永《えい》劫《ごう》変わらない普遍の価値やフィロソフィーを見つけることが大切だと考えています。

私たちの社会における移送や輸送の手段は変化をしていきますし、そこに付随する制度も変化をしていくでしょう。けれども、人や物を輸送する際には何かを活用するということ、そしてなによりも、その際に事故によって大切な人が傷つくことがあってはならないという人の願いは変わらないと信じています。だからこそ、私は自動車学校という業界が現状免許を取得するだけの場所と認識されていることに危機感を抱いていますし、自動車学校が初心運転者事故率を減少させることによって、経営的にもプラスになっていくようにならなければいけないと考えています。そのような教育機関としての役割が求められるようになれば、自動運転の黎明《れいめい》期や高齢者の事故率の増加といった社会課題に対して新たに取り組むべきことがあると思いますし、その先に、自動車学校という業界の未来の姿があるような気がしています。

　このような私の考えは目新しいものではありません。きっと自動車学校業界を作り上げてきた先輩方もそのような想いでいたのだと思っています。モータリゼーションの到来という新たな時代を前にして、免許制度を築き上げてきた過程には、多くの想いや、未来への希望があったのではないかと考えます。そして60年以上を経て、それらを作り上げてきた先代、先輩社員たちの挑戦と努力の結果として現在があるのだと思いますし、だからこそ、自社がどのような歴史をたどってきたのかを理解し、敬意を払うことが大切だと感じます。そのような過去を理解し、現在私たちがどのような状況に立っているのかを考えたうえで、進むべき未来を考えていくことが非常に重要であると考えます。

新たな価値を創造するか、普遍的な価値を再定義するか

現在、企業間ではアライアンスが活気を見せています。アライアンスとは、簡単にいうと、複数の企業が相互に利益を享受するための協力体制の構築です。特に活発なのは航空業界です。航空業界では早くからコードシェア便の運航やマイレージサービスの共有化といった形で業務提携を進めてきました。これらは航空会社同士が協力することで、お互いのメリットを増幅させることができるからです。このように、アライアンスは企業間の新たな協力形態として、現代のビジネスにおいてますます重要な役割を果たしています。ただし、注意すべきはアライアンスに向いている業界と向いていない業界があるということです。

実は自動車学校はアライアンスが難しい業界です。なぜかというと、教習プログラムは全国的に一定であり、ほかの業界に比べるとサービスの自由度が低いからです。

そのおかげで、どの自動車学校に通っても安心して運転免許が取れるのですが、アライアンスという面では非常に限定的になってしまいます。

では、業界内で協力し合うことは意味がないのかというと、そういうことではありません。協力する目的が大事なのです。アライアンスは業界再編によって相互の利益を増幅することが目的ですが、斜陽産業の場合は「新たな価値を創造する」か「普遍的な価値を再定義する」かの2つの目的しかないと思っています。なぜなら、これまでのニーズは今後確実に減っていくことが分かっており、利益追求以前に新しい価値を「創造」するか「再定義」するかしなければ、生き残っていけないという切羽詰まった状況にあるからです。

自動車学校業界はどちらかというと後者を選ぶべきで、教習をすることの背後には、教育によって安全な社会を守っていくという機能価値があり、わざわざ新しい価値を作らなくてもそれを再定義するほうが良いと考えています。

もちろん、新しい価値を創造するやり方でも構いません。しかし、昨今はゼロからイチを生み出すよりすでにある物とある物を組み合わせて回していくやり方のほうがスタンダードですし、規模が大きい会社なら自社で研究開発ができますが、ほとんどの中小企業にはそこまでの体力がないのが正直なところです。

ただそういう能力を有している企業や機関と連携する、アライアンスを結ぶといったことは一つの選択肢にはなってくると思いますので、自動車学校業界に限らず、自社がおかれている業界の特性を踏まえたうえで、価値創造か価値再定義か、どちらが合っているのかを考えてもらえればと思います。

ビジョンに賛同してくれる仲間を増やす

業界が永続するためには、新しい価値を創造することが必要です。そのためには、ビジョンに賛同してくれる仲間を増やす必要があります。それぞれの目標を追い求めつつも、ともに成長し合い、互いの力を借り合う関係性が、未来を切り拓いていくと信じているからです。

時代は確実に変わっており、企業の競争環境も変わってきています。自動車学校においても、かつては競合他社との闘いが日常的に行われていました。この競合を勝ち抜けば会社は儲かる、従業員やその家族は幸せになる、そう信じられた時代でした。しかし、現代では、かつての競合企業とも協力関係を築き、ともに成長していくことが求められています。

競争しつつも、お互いに学び、助け合い、友情を育んでいく。そんな関係性が今こそ求められていると思います。自動車学校業界においても、同じ思いや願いを持つ自動車学校が集まり、皆で知恵を出し合うことがこれからの時代は大切だと思います。あくまで体感ですが、業界全体の３割程度が集まり、新たな流れを作り出せば、事態は改善の方向に向かうと考えています。

私自身はこの逆境を楽しめればよいと考えています。斜陽産業の経営者として、どう舵取りをしていくべきかという課題そのものが楽しいとさえ感じています。シンク・スリーのように皆で知恵を出し合う場所があれば、そこから新たな解決策が生まれると信じています。なぜなら、私は全知全能ではないからです。だからこそ、皆でともに考え、競争相手とも仲良くしようという考えが生まれるのです。自分がだめなら、ほかの人を頼ればよい。そこまで割り切れれば、あとは怖いものはありません。

そして、自分が闘うべき相手は誰なのかという見極めです。私が考える闘うべき相手とは、結局のところ競合他社ではなく、変化そのものだと思っています。新しい市場を創造し、新たな挑戦を行い、市場を競争させていく。そこにこそ未来の可能性があると感じています。

その連携は単なるなれ合いや慰め合いではなく、真に成長を促すものでなければなりません。仲良し同士の連携でうまくいくはずがないという厳しい意見をもつ人が年長者の中には存在します。しかし、市場が拡大しさえすれば、争う必要はありません。なぜなら、より多くの利益を分け合うことが可能になるからです。全体の売上を増やし、皆が役割を果たし、強みを活かすことができれば、争う必要はないのです。

目的は争うことではありません。多くの企業が自社と業界全体の売上利益の最大化を目指しており、そのためには状況を見極め、最適な選択を常に考え続けることが重要です。

改めて私は、自動車学校業界が魅力あふれる業界であると感じています。なぜなら毎年18～20歳前後の多くの若者が顧客として存在する業界はさほどないからです。だからこそ、全体がまとまることで新たな可能性が見えてくると確信しています。

その可能性とは、新たな価値だと思っています。そこに来る客やコミュニティを最大化していくということは、自動車学校という場の新たな価値創造にほかなりません。そのための手段は、なんであってもよいと考えています。同業者との結集、競合との共闘、その時々の最適解を選べばいい。つまり、絶えず変化する状況に応じた最適な戦略を模索し、適用することが重要だと考えます。

次世代の経営者たちが共創していく場をつくる

もう一つ、大切なキーワードとして「共創」を挙げます。これは多様なステークホルダー同士が協力し、ともに新しい価値を生み出すという考え方です。自動車学校業界においては、この考え方で新しい価値の創造に取り組むことが大切だと考えます。というのも、斜陽産業という将来が不確かな状況にある業界においては、一つのルールや価値観に縛られず、新しい価値を創造するという抽象的な概念だけを軸につながりながら、それぞれのやり方で自由に課題解決に取り組むほうが、面白いアイデアが生まれると思うからです。

実際私の知る自動車学校の経営者たちは、皆自社の未来に課題をもち、その解決のためには業界全体を良くしていくことだということは共通しつつも、そのやり方は千差万別です。その多様性は貴重であり、そのようにお互いを認め合いながら受け入れ合っていくということが、ともに創造していく「共創」の本質だと思っています。

そこで私は、自動車学校業界における共創の場として、「次世代教習所共創コンソーシアム（通称ＮＤＣＣ）」という団体を同じ意識をもつ仲間たちと立ち上げました。自動車学校のもつ潜在的な可能性を多方面から考察し、ＳＤＧｓや持続的な開発目標への取り組み方といった社会ニーズへの対応なども検討しつつ、さまざまな業界との協力体制を検討し、同業の事例を共有することを目的としています。共有するといっても、自分たちの成果をただ褒めたたえるのではなく、それぞれの課題を持ち寄り、外部講師や業界の先輩方も呼んで、課題解決に向けて真剣に議論する集まりです。

２０２１年９月に設立し、これまでさまざまな活動を行ってきました。具体的には、２０２２年１月25日にオンライン配信にて、次世代教習所共創コンソーシアム設立セミナー「教習所は自動運転とどう共存するか」を開催しました。このセミナーには、教習所の経営者ら約１７０人が集まりました。このセミナーでは「自動運転サービスの実現に向けた政府の動き」「教習所は自動運転とどう共存するか」「他業種のイノベーション事例」「教習所の未来と可能性」という４つの講演を行いました。

同年５月16日には、東京大学伊藤謝恩ホールにて、第２回次世代教習所共創コンソーシアムセミナー「教習所の生々しい実態を明らかにする」を開催しました。リアル開催にもかかわらず、前回に匹敵する約１５０人が参加してくれました。第１部では「いままでの新規事業は成功しているのか?」という講演内容で、南部自動車学校の加藤様、コアラドライブ安城の石原様、田方自動車学校の小林様が登壇し、新事業開発を成功させるに当たっての秘訣をお話しいただきました。第２部では「都道府県ごとの規制の実態について」という内容で、榎本様、小野田様より、規制をどのようにとらえ、どのようにあるべき姿に変えていくべきかについて講演いただきました。第３部では「今後のＮＤＣＣの活動について」という内容で、今後のＮＤＣＣとしてのビジョンや、会員募集について、そして次回開催の詳細について講演いたしました。

　さらに同年10月31日、同ホールにて、第３回次世代教習所共創コンソーシアムセミナー「５年後の運転教育はどうなっているのか」を開催しました。前回に引き続き対面での実施となり、当日は１７３人にお集まりいただきました。第１部では新しい運転教育方法について、株式会社アイロックの古賀様、株式会社オファサポートの服部様、ＡＩ教習所株式会社の江上様が登壇し、３社の運転教育システムの紹介や開発秘話、現在の状況をお伝えいたしました。また、紹介のあとは3社でパネルディスカッションを行い、さまざまな角度からの運転教育、そして自動車学校業界について熱いトークが繰り広げられました。第2部では、国土交通省航空局無人航空機安全課の甲斐様よりドローン免許制度についての説明、今後の展開についてお話しいただきました。第３部は、各都道府県の規制の実態についての講演です。ＮＤＣＣでは教習所業界白書の完成に向けて、各都道府県に聞き取り調査を実施しております。今回は47都道府県すべての実態調査に成功いたしました。そんな実態調査をまとめ、ＮＤＣ理事の陸前高田ドライビング・スクールの田村社長、高知県自動車学校の山口社長が内容の報告と、実際に教習所を経営しているからこそ分かる視点で皆様に実態をお伝えいたしました。会場アンケートの結果、セミナーの満足度については、90％以上の方に大変満足、もしくは満足と思っていただけた結果となりました。２０２４年現在もその流れは続いており、新規事業の立ち上げやライドシェアなど、業界が抱える課題に対して全員で考えていくきっかけの場を提供することができれば良いと考えています。

ＮＤＣの活動を通じて改めて感じたことは、自動車学校業界には、未来を考える若い人や優秀な人が多く存在しているということです。私自身が特別に優れているわけではありません。たまたま私が目立っているだけで、非常に優秀だと思われる人が多くいることに気づきました。それぞれが独自の信念と闘い方で、都会と田舎という違いも乗り越えて、成功の道を探しています。例として、埼玉では乗車率を重視したうえで利益を上げている教習所がありますし、成果主義で人事考課を実施しているところもあり、さまざまな成功パターンが見受けられます。

特に強調したいのは、成功している自動車学校は、単に流行や一般的な方法に従っているわけではなく、しっかりとした戦略と信念を持ち、それを信じて努力している点です。そういった学校は、高いビジョンを持ち、先入観なく正しい戦略を持続的に推進しています。そういった学校や人々とつながり、共通のビジョンを共有することの重要性を感じました。

また、業界の課題に対して、多くの自動車学校経営者が「何かをしなければならない」と感じていることに気づきました。少子化というデータを背景に、業界全体の改善が求められているのは明らかだからです。

総じて、この業界にはまだ多くの可能性が秘められていると感じました。以前は、いわゆるドミナント戦略による、隣の自動車学校にいかに勝つかというルールでの取り組みが中心でしたが、生き残り戦略は時代とともに変化していくわけで、ＮＤＣＣがそこに対して大きな役割を果たせる時期が来ているのではないかと思います。

さらに私が代表理事として、いくつかの自動車学校の人たちとともにコンソーシアムを設立した背景には、未来への深い思いがあります。社長としての私個人のミッションは、新卒で入社した18歳の若者たちが、70歳まで働ける環境を作ることです。しかし、現在自動車学校が持つ主な価値は、普通車の運転免許を取得する場であることにとどまっています。人口減少が進むなかで、この価値だけを提供していては、業界全体のマーケット縮小は避けられず、18歳の人たちが安心して70歳まで働くことはできません。

このようなマーケット縮小問題をどうすれば解決できるのか。自動車学校の業界団体や各種組織はすでに存在し、重要な働きをしています。これらの団体の課題は山積しており、業界が抱える目の前の問題の解決に意識が向いてしまいがちです。しかし二代目、三代目の私たちがやるべきことは、50年先、１００年先の業界や自社の未来をデザインして、それを実行することです。つまり、50年、１００年先でも、安心して教習所で働き続けられるようにするのが、私たち二代目、三代目社長に共通したミッションだといえます。

しかし私一人でできることではありません。業界全体が新たな価値を持つためには、同じビジョンやミッションをもつ人々が集まる必要があります。だからこそ、皆で考える場を作りたいと思ったのです。それぞれが自分の課題や意見を持ち寄ることで、自動車学校という業界はさらに良くなると信じているからです。具体的にはこのコンソーシアムの活動を通じて、自動車学校が交通事故を抑止する場所という共通認識が深まり、その考えが業界のスタンダードになれば、自動車学校の価値はさらに広がるはずです。この思いが、我々の取り組みの大きな推進力となっているのです。

未来へ向けた取り組みとビジョンの発信

どんなに素晴らしい活動を行い、どんなに崇高なビジョンを業界全体で共有できたとしても、それを外に向かって発信していかなければ、誰も気づいてくれません。

先日こんなことがありました。私の知り合いの妻が、ペーパードライバー講習のため、20年ぶりぐらいに自動車学校に行ったそうです。すると「全然雰囲気が違う、教員も若い女の人だし、男の人も優しいし」と驚かれたそうです。私にとってはすでに当たり前の光景なのですが、多くの人にとって自動車学校はいまだに堅苦しい、教官が怖いという、旧態依然のイメージなのです。いかに私たち自動車学校が一般に向けて発信していないかという証拠です。

　良い仕事をすることと、その成果が認識されることとは、別のことだととらえるべきです。例えばラーメンについて考えてみます。「あなたがおいしいと思うラーメン店はどこですか？」と聞かれたら、例えば近所の行きつけの店を挙げるかもしれません。仮にグルメ情報サイトの評価は低くても、まったく無名の店でも、自分がおいしいと思えばそれでいいのです。しかし「日本で最高のラーメン店はどこですか？」と聞かれたら、多くの人は答えに困ると思います。なぜなら、自分の経験や味覚、好みだけでは判断できないからです。客観的事実を得るために、雑誌やインターネットを活用するかもしれません。そのとき、目に飛び込んでくるのは、メディアで紹介されているとか、口コミで話題とか、ミシュランで星を獲得したといった「発信」された情報です。発信されていない情報は、多くの人の目や耳には届かないのです。そして今の人たちは、すべての消費行動のための情報を、インターネットやＳＮＳから得ています。近所のおいしいラーメン店を探す場合でも、まずは「スマホで検索」なのです。

だからこそ、おいしいものを作ってさえいれば客は勝手に増えていくという考え方はいまや現実的ではありません。社員が日々作ってくれている素晴らしいものを、ＳＮＳや自分の発信を通じて広めていくことは、私の大きな責任であると考えています。どんなに自分たちがおいしいものを作っていると思っても、伝わらなければ意味がありません、おいしいかおいしくないかは、あくまでも受け手の判断です。それを、提供する側が押し付けるわけにはいかないのです。それは消費者を無視した独りよがりな施策といえます。

しかしこういう話をすると、「安全教育を提供するならば１００％を目指すべきだ」という意見を言う人が必ず出てきます。特に自動車学校の業界には伝統的な考え方をもつ人が多いので、そういう意見を言う人が多い傾向があります。そもそも教習の目的そのものが業界の人間と一般の人々の間では大きく違うのです。例えば、教習の本来の目的は安全に自動車が運転できるようになることです。例えば左折のやり方も、正しく安全に左折ができるようになることが目的であり、プロドライバーのように毎回正確に左折をすることは本質からはズレます。しかし、多くの教習の現場では、うまさを求めがちです。例えば、細い板の上をスムーズに通過する白バイのような運転スキルを教えようとする教官が多いのですが、私は少し違うと感じています。

教習所の目的は、うまいドライバーを育てることではなく、安全で事故を起こさないドライバーを育てることです。そして、そのドライバー本人、周りの人すべてが交通事故によって悲しい思いをしないようにすることだと考えます。再び飲食店を例に出すと、顧客にとって居心地が良いことが第一義であるべき居酒屋が、料理の味を極限まで追求するあまり、非常に居心地が悪くなってしまっているようなものです。それは本末転倒です。同じように私たちは、運転が上手なドライバーを育成するという目的ではなく、安全に運転でき、初心者であっても事故を起こさないドライバーを育成するという目的で教習を行うべきです。少なくとも私たちは、事故によって悲しい思いをする人をゼロにする教育機関になっていくことを経営理念・ビジョンとして掲げており、その先に自社の未来があると考えています。だからこそ、これからもそのような教習所を目指していきたいと思います。

また私たちにとっての顧客とは、免許を取りにきた人だけではなく、その保護者や家族も対象としています。その顧客たちが自分たちの提供する教習や体験によって、事故のない人生を過ごしてもらうことが、自動車学校である私たちの役割だといえます。

時代の流れが速く、多くの業界が斜陽産業と呼ばれるようになりました。これから業界の淘汰が進んでいくなかでも、その業界の持つ本質的な価値を見定め、あるべき未来の姿や社会的な価値を提供していくことこそ、事業後継者としての私の大きな役割だと考えています。そして理想の未来を実現するために、これからも今何が必要か見定め、絶えず挑戦を続けていきたいと思います。

おわりに

今回、書籍の執筆を開始したのが2023年の半ば、出版まで約1年かかりました。その間にも自社を取り巻く状況、取り組んでいることも大きく変化してきました。かつてシンク・スリーでの中心事業であったドローン事業は規模を縮小し、現在は映像制作・映像のサポート・スクール事業が中心となっています。そして、これから新しく始めるのが、海外事業です。具体的には海外の事業者からの映像制作の受注、および海外から日本で働きたいという人と、雇用不足に悩む日本企業とをつないでいく事業です。

これからも、事業自体のライフサイクルは時代の移り変わりの速さに呼応するように短くなり、何か一つの事業で私たちのような中小企業が永続していくことはより難しくなっていくのだろうと実感しています。だからこそ、多くの企業経営者は危機感を覚え、未来に向けてどのような手を打っていくべきかという課題に悩んでいるのだと思います。

私自身がその中でこれだ！という答えを出せるまでにはまだ至ってはいませんが、強く実感し、自分の指針にしていきたいことがあります。それは、中小企業（私は「持たざる企業」という言い方をすることもありますが）であればあるほど、人の可能性、人材にこそ未来があるということです。経営資源を表す言葉にヒト・モノ・カネというものがあります。モノやカネは、大手企業に勝つことはできないし、それらの資源の可能性は例えば1万円でどう頑張っても家を造ることはできないように有限であると考えます。しかし、ヒトの可能性においては無限大だと考えています。誰かの存在のおかげで自分が予想もしなかったような結果を出せるというようなことがあるからです。

自分のこれまでの歩みを振り返ってみても、まさにそうだと思います。海外事業は、NDCCの活動を見て新しく入社した社員がこれまでの海外駐在経験を活かして挑戦してくれていることですし、映像事業は従来広沢自動車学校で映像の制作・統括をしてきた人間がいたからこそできた事業です。広沢自動車学校も同じです。現在の広沢母校という経営理念を実現し、体現できているのは、毎日笑顔で顧客の対応をしてくれているフロント、寄り添い温かい教習を実現してくれている指導員、会社の会議を取り仕切り課題を共有してくれるリーダー、広沢を離職し事業を立ち上げているにもかかわらず広沢に帰ってきて自分のできることをしてくれる仲間、それらスタッフを統括しあるべき方向に導いてくれている常務や管理者たちのおかげです。本当にすべてのスタッフがその人しかできない仕事で日々力を発揮してくれているから現在の広沢自動車学校が存在し、だからこそ私は未来を切り拓く新しい事業に挑戦し、今回このような書籍出版ができたのだと感じています。

また今後は、自動車学校全体が教育機関としての価値を提供できる場にすること、新規事業により地方を活性化すること、そしてこの２つをふまえて、社員に挑戦とやりがいのある場所を提供し幸せにしていくことの３つを指針とし、事業を展開していきたいと考えています。その一つの指標として、売上10億円を目指していきます。入社前に売上３億円を割っていた会社が、地方都市にもかかわらず３倍以上の規模を目指すことこそ次なる挑戦です。無事に達成した暁には、Ｍ＆Ａやさらなる可能性の追求に挑み、業界、地域、社員にとって幸せと思える環境をつくっていきたいと思っています。

私には、忘れられない記憶があります。それは小学生の時に、担任の先生に「お前はすべて駄目だ」と否定されたことです。顔も頭も、運動もすべて駄目だとクラスの全生徒の前で罵倒され、また、その内容は面談の場で母親にも伝わり、母親に申し訳ない気持ちを抱きました。ただ、その時に母親が自分にかけてくれた言葉は、いつか必ず花開くし、成長の速度は人それぞれだから、自分を信頼している、というものでした。その母親が二代目の経営者として経営理念を作り、礎を作ってくれました。しかし経営は多難で、売上が上がらない、未来に向けてどうすればいいか分からないという大きな課題を抱えているときに入社し、現在の広沢母校を作っていく手伝いをしました。三代目として会社を引き継ぐことができたことで、少しでも恩返しができていればうれしいなという気持ちと、自分の使命のようなものを感じています。

誰か一人でも自分の可能性を信じてくれる人、見守ってくれる人がいるだけで人は大きく成長し、使命感を持って生きていくことができるということを自分自身が体験しました。社員が同じように大きく成長していく姿を見て、私は、人の持つ無限大の可能性を信じ、支えていける存在でありたいと思っています。そして現在の自分はそのような人たちに連れてきてもらったようなものだから、その人たちへの感謝と恩返しを忘れないようにしていきたいと思っています。

だからこそ、自分自身が最も大切にすることは、自社が何を大切にして、何を目指しているのかというビジョンや価値観を伝え続けることであり、その考えに共感してくれる人たちとどのような形ででも一緒に仕事をしていくということなのだと考えています。自分自身はいずれ能力が衰え、先の時代が見えなくなればいつでも会社を去ろうと考えていますし、その時に会社を追い出されるような形で去っていくべきだと考えています。それは、自分自身が考える「変わるべきもの」であり、同時に「変わらないもの」としてビジョン、理念、価値観を残すことができればその後は次代を作っていく人が受け継ぎ、現在の自分よりさらなる発展をもたらしてくれると確信しています。

今回書籍出版のお話をいただくにあたり、そのような自分の考えや価値観をまとめておく本当に良いきっかけになりました。本書出版を通じて改めて自分自身がどのように生きていくべきかを振り返れたような気がします。

今、まさに時代は大きく変化し、その変化の速度は誰も経験したことのないようなものだと感じています。その変化に危機感を覚えているのも事実ですが、その危機感を、どのような時代が来るのだろうとワクワクしながら迎え入れ、その都度求められる変化と挑戦を、自分を信じてくれる、そして自分が信じている現在のすべての仲間たちとともに楽しんで乗り越えていきたいと思っています。不確かな時代を形にとらわれない手法で、共通のゴールに向かって全員が力を合わせて進んでいくような姿は、まさに「空飛ぶ自動車学校」といえるようなものになっているのではないでしょうか。

そして、そんな自分を支えて信頼してくれる多くの人たちのために自分ができることは何かを考えた結果、それは会社を永続させ、さらなる発展をしていくことだと考えています。その変わらない想いや信念を実現させるために、これまで自分が必死になって取り組んできた内容、考えが本書を読んでくれる皆様にお伝えできれば本望だと考えています。

祖川 嗣朗

祖川嗣朗（そがわ しろう）

1983年徳島県に生まれる。徳島の高校を卒業後、東京の大学に進学し、東京の広告代理店に勤務。2012年より家業である広沢自動車学校専務取締役に就任。経営理念を形にするという信念のもと組織改革と、マーケティング改革を行い、2015年には創業以来初めてとなる地域トップの入校者数を実現。同年、経済産業省「おもてなし経営企業100選」に選出される。2022年には少子化が進むなか創業以来最高益を記録。2018年に(株)シンク・スリーを設立。ドローンの教習所を開始し、朝日新聞やYahoo!ニュースをはじめ、多くのメディアに取り上げられる。2020年、広沢自動車学校の代表取締役社長に就任。2021年には有志と次世代教習所共創コンソーシアム（NDCC）を立ち上げ、代表理事に就任。現在は広沢自動車学校の経営に携わりながら、自動車学校の経営資源を活かした映像サービスや海外事業など、さまざまな新規事業の立ち上げに取り組んでいる。

本書についての
ご意見・ご感想はコチラ

空飛ぶ自動車学校
三代目社長の理念と革新の経営

2024年7月31日　第1刷発行

著　者　　祖川嗣朗
発行人　　久保田貴幸

発行元　　株式会社 幻冬舎メディアコンサルティング
〒151-0051　東京都渋谷区千駄ヶ谷4-9-7
電話　03-5411-6440（編集）

発売元　　株式会社 幻冬舎
〒151-0051　東京都渋谷区千駄ヶ谷4-9-7
電話　03-5411-6222（営業）

印刷・製本　中央精版印刷株式会社
装　丁　　弓田和則
装　画　　赤倉綾香（ソラクモ制作室）

検印廃止

Printed in Japan
ISBN 978-4-344-94731-3 C0034
幻冬舎メディアコンサルティングＨＰ
https://www.gentosha-mc.com/